Versión del estudiante

Eureka Math
3.er grado
Módulos 4 y 5

Un agradecimiento especial al Gordon A. Cain Center y al Departamento de Matemáticas de la Universidad Estatal de Luisiana por su apoyo en el desarrollo de *Eureka Math*.

Para obtener un paquete
gratis de recursos de Eureka
Math para maestros,
Consejos para padres y más,
por favor visite
www.Eureka.tools

Publicado por la organización sin fines de lucro Great Minds®.

Copyright © 2017 Great Minds®.

Impreso en EE. UU.

Este libro puede comprarse directamente en la editorial en eureka-math.org

10 9 8 7 6 5 4 3 2

ISBN 978-1-68386-210-9

Nombre _____   Fecha _____

1. Usa bloques de patrón triangulares para cubrir cada figura a continuación. Dibuja líneas para mostrar dónde se juntan los triángulos. Después, escribe cuántos bloques de patrón de triangulares son necesarios para cubrir cada figura.

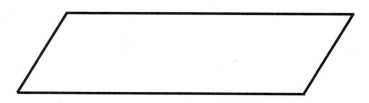

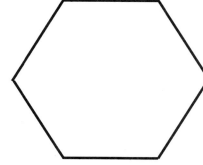

   Figura A: _____ triángulos

   Figura B: _____ triángulos

2. Usa bloques de patrón de rombos para cubrir cada figura a continuación. Dibuja líneas para mostrar dónde se juntan los rombos. Después, escribe cuántos bloques de patrón de rombos son necesarios para cubrir cada figura.

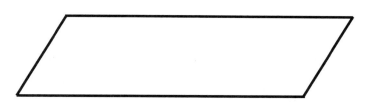

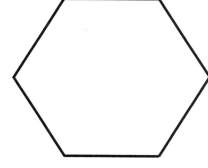

   Figura A: _____ rombos

   Figura B: _____ rombos

3. Usa bloques de patrón de trapezoides para cubrir cada figura a continuación. Dibuja líneas para mostrar dónde se juntan los trapezoides. Después, escribe cuántos bloques de patrón de trapezoide son necesarios para cubrir cada figura.

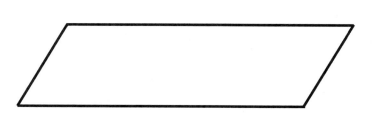

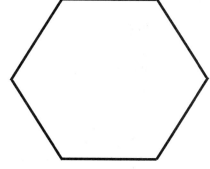

   Figura A: _____ trapezoides

   Figura B: _____ trapezoides

EUREKA MATH™

Lección 1:   Comprender el área como un atributo de las figuras planas.

1

©2017 Great Minds®. eureka-math.org

4. ¿En qué se relaciona la cantidad de bloques de patrón para cubrir la misma figura con el tamaño de los bloques de patrón?

5. Usa bloques de patrón cuadrados para cubrir el siguiente rectángulo. Dibuja líneas para mostrar dónde se juntan los cuadrados. Después, escribe cuántos bloques de patrón cuadrados son necesarios para cubrir el rectángulo.

_____ cuadrados

6. Usa bloques de patrón trapezoidales para cubrir el rectángulo en el Problema 5. ¿Puedes usar bloques de patrón trapezoidales para medir el área de este rectángulo? Explica tu respuesta.

Lección 1: Comprender el área como un atributo de las figuras planas.

EUREKA MATH™

Nombre _____ Fecha _____

1. Magnus cubre la misma figura con triángulos, rombos y trapezoides.

    a. ¿Cuántos triángulos son necesarios para cubrir la figura?

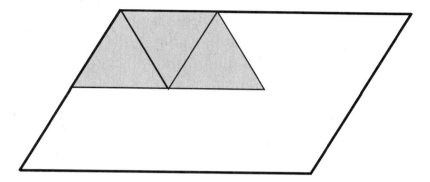

    _____ triángulos

    b. ¿Cuántos rombos serán necesarios para cubrir la figura?

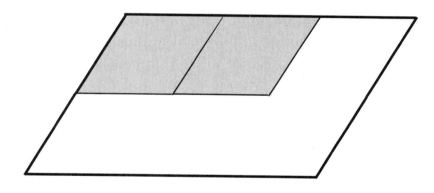

    _____ rombos

    c. Magnus observa que 3 triángulos de la Parte (a) cubren 1 trapezoide. ¿Cuántos trapezoides serán necesarios para cubrir la siguiente figura? Explica tu respuesta.

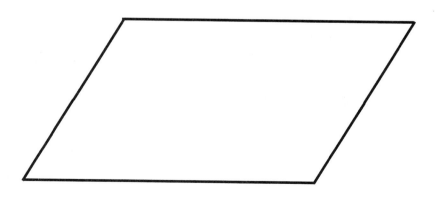

    _____ trapezoides

EUREKA MATH™

Lección 1:   Comprender el área como un atributo de las figuras planas.

3

©2017 Great Minds®. eureka-math.org

2. Angela utiliza cuadrados para encontrar el área de un rectángulo. A continuación se puede ver su trabajo.

a. ¿Cuántos cuadrados usó ella para cubrir el rectángulo?

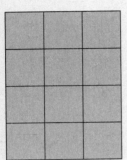

_____ cuadrados

b. ¿Cuál es el área del rectángulo en unidades cuadradas? Explica cómo encontraste tu respuesta.

3. Cada 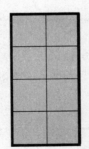 es 1 unidad cuadrada. ¿Cuál rectángulo tiene la mayor área? ¿Cómo lo saben?

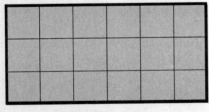

Rectángulo A

Rectángulo B

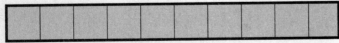

Rectángulo C

Lección 1: Comprender el área como un atributo de las figuras planas.

EUREKA MATH

Nombre _____   Fecha _____

1. Usa toda la Tira de papel 1 que cortaste en 12 pulgadas cuadradas para completar la siguiente tabla.

	Dibujo	Área
Rectángulo A		
Rectángulo B		
Rectángulo C		

2. Usa toda la Tira de papel 2 que cortaste en 12 centímetros cuadrados para completar la siguiente tabla.

	Dibujo	Área
Rectángulo A		
Rectángulo B		
Rectángulo C		

3.   Compara las áreas de los rectángulos que hiciste con la Tira de papel 1 y la Tira de papel 2. ¿Qué cambió? ¿Por qué cambió?

4.   Maggie usa unidades cuadradas para crear estos dos rectángulos. ¿Tienen ambos rectángulos la misma área? ¿Cómo lo sabes?

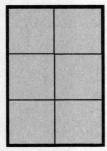

Figura A

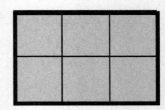

Figura B

5.   Cuenta para encontrar el área del siguiente rectángulo. Después, dibuja un rectángulo diferente que tenga la misma área.

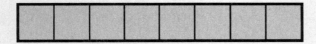

EUREKA
MATH™

Nombre _____   Fecha _____

1. Cada ⬜ es una unidad cuadrada. Cuenta para encontrar el área de cada rectángulo. Después, encierra en un círculo todos lo rectángulos con un área de 12 unidades cuadradas.

a.

Área = _____ unidades cuadradas

b.

Área = _____ unidades cuadradas

c.

Área = _____ unidades cuadradas

d.

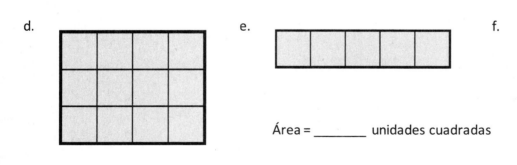

Área = _____ unidades cuadradas

e.

Área = _____ unidades cuadradas

f.

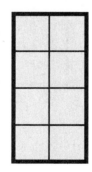

Área = _____ unidades cuadradas

2. Colin usa unidades cuadradas para crear estos rectángulos. ¿Tienen la misma área? Explica.

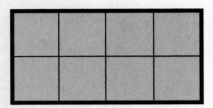

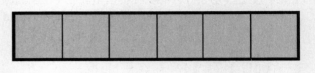

3. Cada 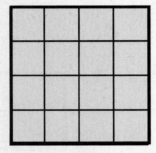 es una unidad cuadrada. Cuenta para encontrar el área del siguiente rectángulo. Después, dibuja un rectángulo diferente que tenga la misma área.

EUREKA
MATH™

Nombre _____ Fecha _____

1. Cada ⬜ es 1 unidad cuadrada. ¿Cuál es el área de cada uno de los siguientes rectángulos?

A: _____ unidades cuadradas

B: _____

C: _____

D: _____

2. Cada ⬛ es 1 unidad cuadrada. ¿Cuál es el área de cada uno de los siguientes rectángulos?

a.

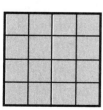

_____

b.

_____

c.

_____

d.

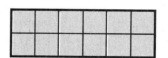

_____

3.

   a.   ¿Cómo se diferenciarían los rectángulos del Problema 1 si estuviesen compuestos por pulgadas cuadradas?

   b.   Selecciona un rectángulo del Problema 1 y recréalo en un papel cuadriculado de centímetros cuadrados y de pulgadas cuadradas.

4.   Usa otro trozo de papel cuadriculado de centímetros cuadrados. Dibuja cuatro rectángulos diferentes con un área de 8 centímetros cuadrados cada uno.

Nombre _____ Fecha _____

1. Cada ⬜ es 1 unidad cuadrada. ¿Cuál es el área de cada uno de los siguientes rectángulos?

A: ___ unidades cuadradas

B: _____

C: _____

D: _____

2. Cada ⬜ es 1 unidad cuadrada. ¿Cuál es el área de cada uno de los siguientes rectángulos?

a.

_____

b.

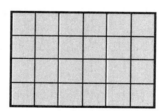

_____

c.

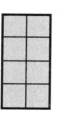

_____

d.

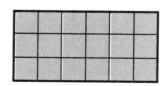

_____

3. Cada ⬜ es 1 unidad cuadrada. Escribe el área de cada rectángulo. Después, dibuja un rectángulo diferente con la misma área en el espacio proporcionado.

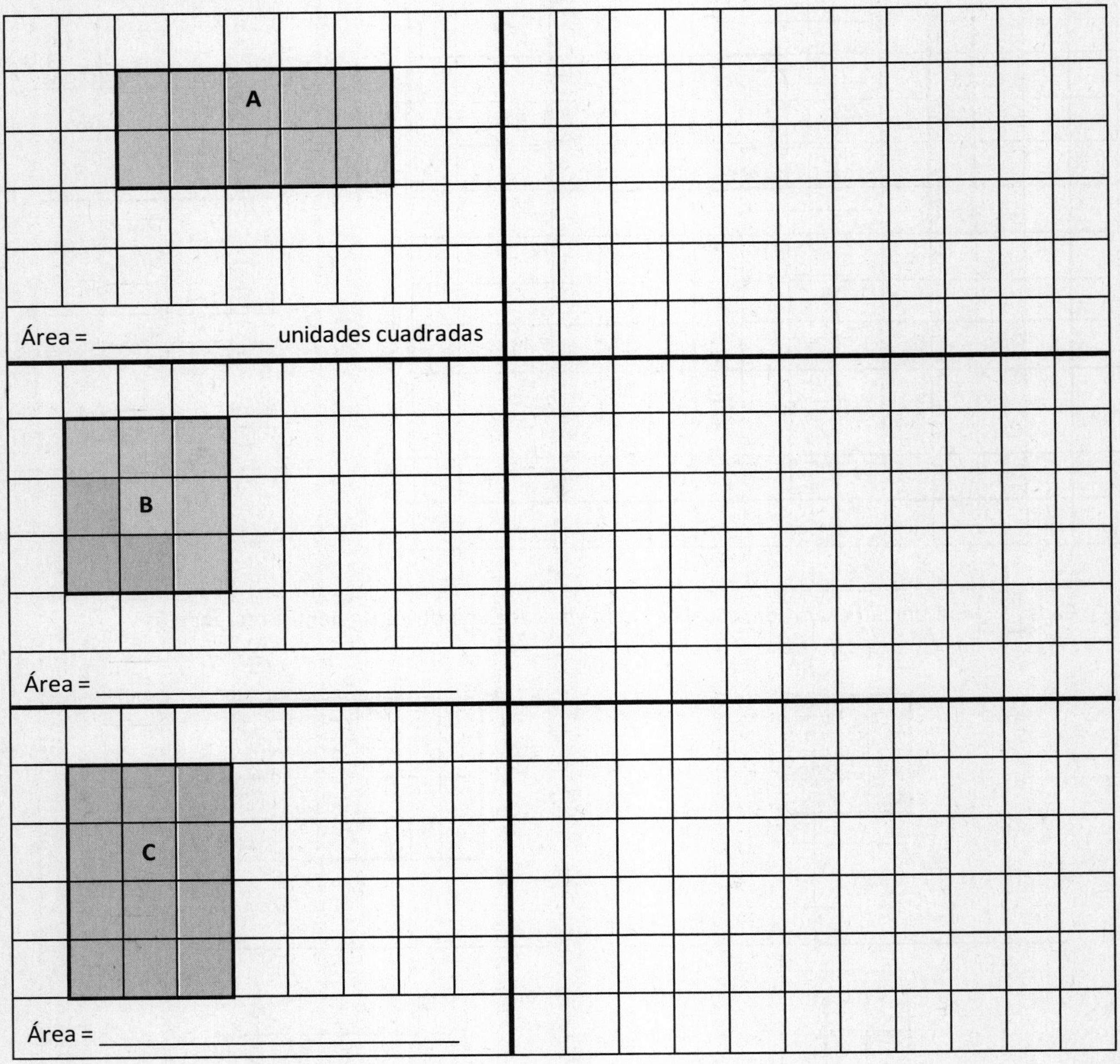

A

Área = _____ unidades cuadradas

B

Área = _____

C

Área = _____

Lección 3: Hacer un mosaico con cuadrados de unidad de centímetros y pulgadas como estrategia para medir el área

EUREKA MATH™

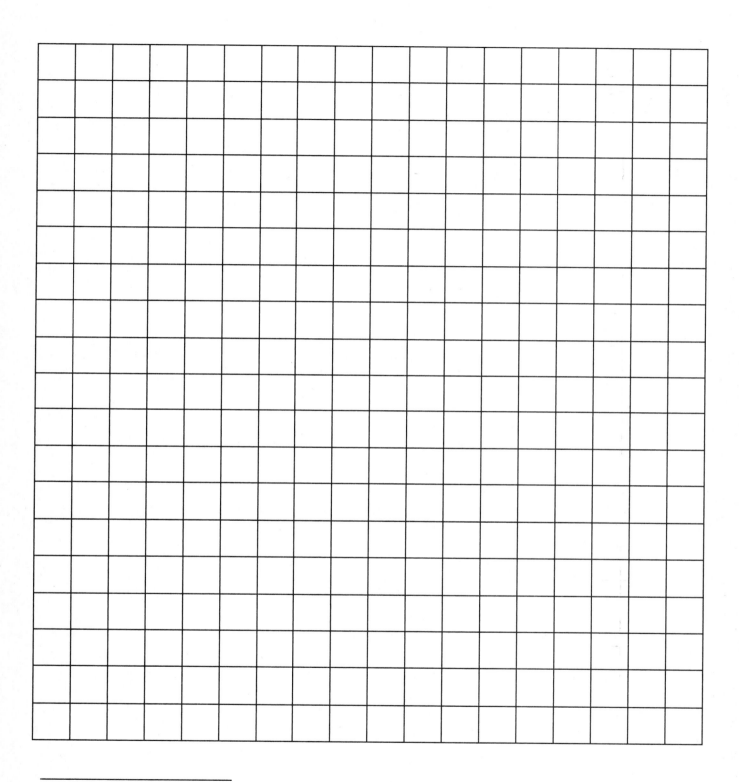

cuadrícula de centímetros

cuadrícula de pulgadas

Lección 3:   Hacer un mosaico con cuadrados de unidad de centímetros y pulgadas
como estrategia para medir el área

EUREKA
MATH

Nombre _____ Fecha _____

1. Usa una regla para medir las longitudes laterales del rectángulo en centímetros. Marca cada centímetro con un punto y conecta los puntos para mostrar las unidades cuadradas. Después, cuenta los cuadrados que dibujaste para encontrar el área total.

Área total: _____

2. Usa una regla para medir las longitudes laterales del rectángulo en pulgadas. Marca cada pulgada con un punto y conecta los puntos para mostrar las unidades cuadradas. Después, cuenta los cuadrados que dibujaste para encontrar el área total.

Área total: _____

3. Mariana usa losas de centímetros cuadrados para encontrar las longitudes laterales del siguiente rectángulo. Identifica cada longitud lateral. Después, cuenta las losas para encontrar el área total.

Área total: _____

Lección 4:   Relacionar las longitudes laterales con la cantidad de losas en un lado.

15

©2017 Great Minds®. eureka-math.org

4. Cada 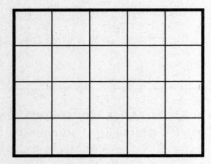 es 1 centímetro cuadrado. Saffron dice que la longitud lateral del siguiente rectángulo es de 4 centímetros. Kevin dice que la longitud lateral es de 5 centímetros. ¿Quién tiene la razón? Explica cómo lo sabes.

5. Usa las losas de centímetros cuadrados y de pulgadas cuadradas para averiguar el área del siguiente rectángulo. ¿Cuál es la mejor opción? Explica por qué.

6. ¿Por qué saber las longitudes laterales A y B te ayuda para averiguar las longitudes laterales C y D en el siguiente rectángulo?

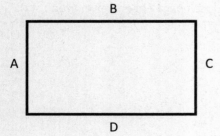

Nombre _____ Fecha _____

1. Ella colocó losas de centímetros cuadrados en el siguiente rectángulo y después identificó las longitudes laterales. ¿Cuál es el área de su rectángulo?

   2 cm

   Área total: _____

2. Kyle usa losas de centímetros cuadrados para encontrar las longitudes laterales del siguiente rectángulo. Marca cada longitud lateral. Después, cuenta las losas para encontrar el área total.

   Área total: _____

3. Maura usa losas de pulgadas cuadradas para encontrar las longitudes laterales del siguiente rectángulo. Marca cada longitud lateral. Después, encuentra el área total.

   Área total: _____

Lección 4: Relacionar las longitudes laterales con la cantidad de losas en un lado.

17

©2017 Great Minds®. eureka-math.org

4. Cada cuadrado a continuación mide 1 pulgada cuadrada. Claire dice que la longitud lateral del siguiente rectángulo es de 3 pulgadas. Tyler dice que la longitud lateral es de 5 pulgadas. ¿Cuál tiene la razón? Explica cómo lo sabes.

5. Identifica las longitudes laterales desconocidas del siguiente rectángulo y después encuentra el área. Explica cómo utilizaste las longitudes proporcionadas para encontrar las longitudes desconocidas y el área.

4 pulgadas

2 pulgadas

Área total: _____

EUREKA MATH™

Nombre _____ Fecha _____

1. Usa el lado de los centímetros de una regla para dibujar las losas. Averigua la longitud lateral de lado desconocido o cuenta salteado para encontrar el área desconocida. Después, completa las ecuaciones de multiplicación.

a. Área: **18** centímetros cuadrados.

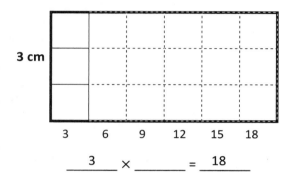

3 6 9 12 15 18

___3___ × _____ = ___18___

d. Área: **24** centímetros cuadrados.

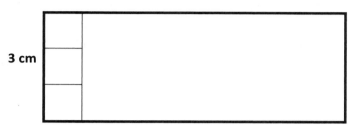

_____ × _____ = _____

e. Área: **20** centímetros cuadrados.

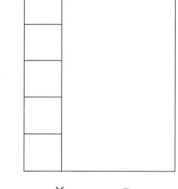

_____ × _____ = _____

b. Área: _____ centímetros cuadrados.

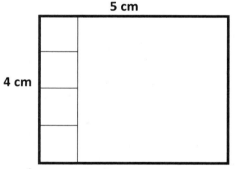

c. Área: **18** centímetros cuadrados.

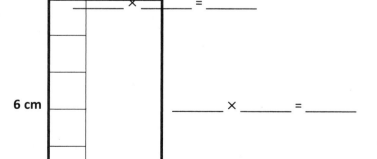

_____ × _____ = _____

_____ × _____ = _____

f. Área: _____ centímetros

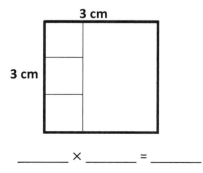

_____ × _____ = _____

2. Lindsay hace un rectángulo con 35 losas de pulgadas cuadradas. Ella coloca las losas en 5 filas iguales. ¿Cuáles son las longitudes laterales del rectángulo? Utiliza palabras, imágenes y números para explicar tu respuesta.

3. Mark tiene un total de 24 losas de pulgadas cuadradas. Él usa 18 losas de pulgadas cuadradas para crear una matriz rectangular. Él utiliza las losas de pulgadas cuadradas restantes para hacer una segunda matriz rectangular. Dibuja las dos matrices que pudo haber hecho Mark. Después, escribe enunciados de multiplicación para cada una.

4. León hace un rectángulo con 32 losas de centímetros cuadrados. Hay 4 filas de losas iguales.

   a. ¿Cuántas losas hay en cada fila? Utiliza palabras, imágenes y números para explicar tu respuesta.

   b. ¿Puede León colocar todas sus 32 losas de centímetros cuadrados en 6 filas iguales? Explica tu respuesta.

Lección 5:   Formar rectángulos al hacer un mosaico con cuadrados de unidad para hacer matrices.

Nombre _____   Fecha _____

1. Usa el lado de los centímetros de una regla para dibujar las losas. Averigua la longitud lateral del lado desconocido o cuenta salteado para encontrar el área desconocida. Después, completa las ecuaciones de multiplicación.

a. Área: **24** centímetros cuadrados.

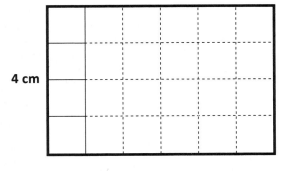

4 cm

____4____ × _____ = ____24____

b. Área: **24** centímetros

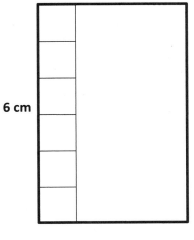

6 cm

_____ × _____ = _____

c. Área: **15** centímetros

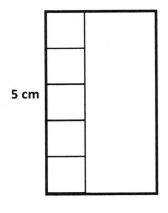

5 cm

_____ × _____ = _____

d. Área: **15** centímetros

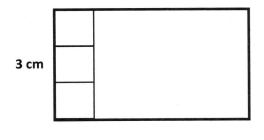

3 cm

_____ × _____ = _____

EUREKA MATH™   Lección 5:   Formar rectángulos al hacer un mosaico con cuadrados de unidad para hacer matrices.

©2017 Great Minds®. eureka-math.org

21

2. Ally hace un rectángulo con 45 losas de pulgadas cuadradas. Ella coloca las losas en 5 filas iguales. ¿Cuántas losas de pulgadas cuadradas hay en cada fila? Utiliza palabras, imágenes y números para explicar tu respuesta.

3. León hace un rectángulo con 36 losas de centímetros cuadrados. Hay 4 filas de losas iguales.

   a. ¿Cuántas losas hay en cada fila? Utiliza palabras, imágenes y números para explicar tu respuesta.

   b. ¿Puede León colocar todas sus 36 losas de centímetros cuadrados en 6 filas iguales? Utiliza palabras, imágenes y números para explicar tu respuesta.

   c. ¿Los rectángulos en las Partes (a) y (b) tienen la misma área total? Explica cómo lo sabes.

Lección 5:   Formar rectángulos al hacer un mosaico con cuadrados de unidad para hacer matrices.

EUREKA MATH™

Nombre _____ Fecha _____

1. Cada ▢ representa 1 centímetro cuadrado. Haz un trazo para encontrar la cantidad de filas y columnas en cada matriz. Relaciónala con su matriz completada correspondiente. Después, llena los espacios en blanco para crear una ecuación verdadera para encontrar el área de cada matriz.

a.

_____ cm × _____ cm = _____ centímetros cuadrados

b.

_____ cm × _____ cm = _____ centímetros cuadrados

c.

_____ cm × _____ cm = _____ centímetros cuadrados

d.

_____ cm × _____ cm = _____ centímetros cuadrados

e.

_____ cm × _____ cm = _____ centímetros cuadrados

f.

_____ cm × _____ cm = _____ centímetros cuadrados

Lección 6: Dibujar filas y columnas para determinar el área de un rectángulo según una matriz incompleta.

23

©2017 Great Minds®. eureka-math.org

2. Sheena cuenta de seis en seis para averiguar la cantidad total de unidades cuadradas en el siguiente rectángulo. Ella dice que hay 42 unidades cuadradas. ¿Está en lo correcto? Explica tu respuesta.

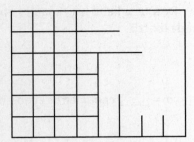

3. El piso de losas en la sala de estar de Brandon tiene una alfombra tal y como se muestra a continuación. ¿Cuántas losas cuadradas hay en el piso, incluyendo las losas bajo la alfombra?

4. Abdul está creando una ventana de vitral con losas de vidrio de pulgadas cuadradas tal y como se muestra a continuación. ¿Cuántas losas de vidrio de pulgadas cuadradas más necesita Abdul para terminar su vitral? Explica tu respuesta.

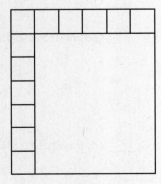

EUREKA MATH™

Nombre _____ Fecha _____

1. Cada ☐ representa 1 centímetro cuadrado. Haz un trazo para encontrar la cantidad de filas y columnas en cada matriz. Relaciónala con su matriz completada correspondiente. Después, llena los espacios en blanco para crear una ecuación verdadera para encontrar el área de cada matriz.

a.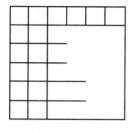

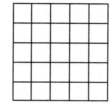

_____ cm × _____ cm = _____ cm²

b.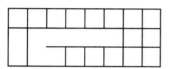

_____ cm × _____ cm = _____ cm²

c.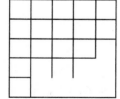

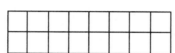

_____ cm × _____ cm = _____ cm²

_____ cm × _____ cm = _____ cm²

d.

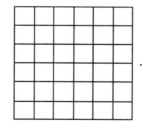

_____ cm × _____ cm = _____ cm²

e.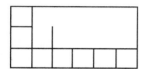

f.

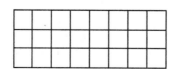

_____ cm × _____ cm = _____ cm²

EUREKA MATH™

Lección 6:   Dibujar filas y columnas para determinar el área de un rectángulo según una matriz incompleta.

25

©2017 Great Minds®. eureka-math.org

2. Minh cuenta de seis en seis para averiguar la cantidad total de unidades cuadradas en el siguiente rectángulo. Ella dice que hay 36 unidades cuadradas. ¿Está en lo correcto? Explica tu respuesta.

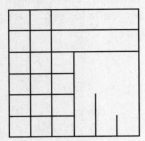

3. La tina en la habitación de Paige cubre el piso de losas como se muestra a continuación. ¿Cuántas losas cuadradas hay en el piso, incluyendo las losas debajo de la tina?

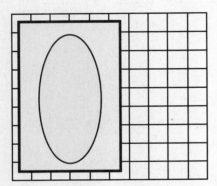

4. Frank ve un libro encima de su tablero de ajedrez. ¿Cuántos cuadrados cubre el cuaderno? Explica tu respuesta.

Lección 6:   Dibujar filas y columnas para determinar el área de un rectángulo según una matriz incompleta.

EUREKA
MATH

matriz 1

Lección 6:   Dibujar filas y columnas para determinar el área de un rectángulo
               según una matriz incompleta.

©2017 Great Minds®. eureka-math.org

27

matriz 2

Lección 6:   Dibujar filas y columnas para determinar el área de un rectángulo
según una matriz incompleta.

Nombre _____ Fecha _____

1. Usa una regla para dibujar una cuadrícula de cuadrados del mismo tamaño dentro del rectángulo. Encuentra e identifica las longitudes laterales. Después, multiplica las longitudes laterales para encontrar el área.

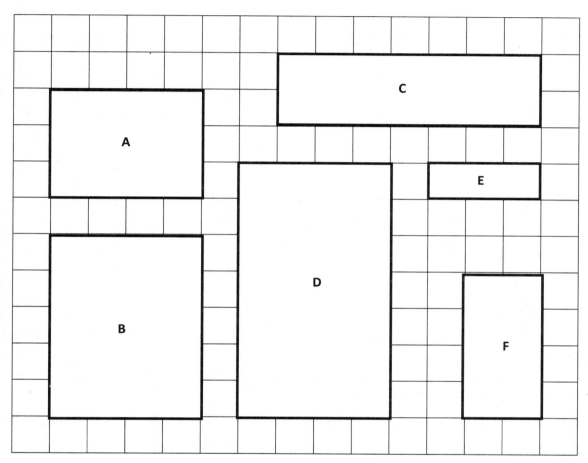

a. Área A:

___ unidades × ___ unidades = ____ unidades cuadradas

b. Área B:

___ unidades × ___ unidades = ____ unidades cuadradas

c. Área C:

___ unidades × ___ unidades = ____ unidades cuadradas

d. Área D:

___ unidades × ___ unidades = ___ unidades cuadradas

e. Área E:

___ unidades × ___ unidades = ___ unidades cuadradas

f. Área F:

___ unidades × ___ unidades = ___ unidades cuadradas

Lección 7:   Interpretar modelos de área para formar matrices rectangulares.

29

2. El área del piso de la habitación de Benjamín se muestra a la derecha de la cuadrícula. Cada ⬜ representa 1 pie cuadrado. ¿Cuántos pies cuadrados en total mide el piso de Benjamín?

a. Identifica las longitudes laterales.

b. Usa una regla para dibujar una cuadrícula de cuadrados del mismo tamaño dentro del rectángulo.

c. Averigua la cantidad total de cuadrados.

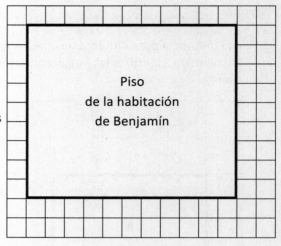

3. El grupo de arte de la Sra. Young debe crear un mural que cubra exactamente 35 pies cuadrados. La Sra. Young marca el área para el mural como se muestra en la cuadrícula. Cada ⬜ representa 1 pie cuadrado. ¿Marcó el área correctamente? Explica tu respuesta.

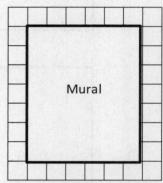

4. La Sra. Barnes dibuja una matriz rectangular. Mila cuenta de cuatro en cuatro y Jorge cuenta de seis en seis para encontrar la cantidad total de unidades cuadradas en la matriz. Cuando ambos dan su respuesta la Sra. Barnes dice que ambos tienen razón.

a. Usa imágenes, números y palabras para explicar cómo Mila y Jorge pueden tener ambos la razón.

b. ¿Cuántas unidades cuadradas podría haber tenido la matriz de la Sra. Barnes?

Lección 7: Interpretar modelos de área para formar matrices rectangulares.

Nombre _____   Fecha _____

1. Encuentra el área de cada matriz rectangular. Identifica las longitudes laterales del modelo de área correspondiente y escribe una ecuación de multiplicación para cada modelo de área.

Matrices rectangulares	Modelos de área
a. _____ unidades cuadradas	3 unidades 2 unidades 3 unidades × _____ unidades = _____ unidades cuadradas
b. _____ unidades cuadradas	___ unidades × ___ unidades = ___ unidades cuadradas
c. _____ unidades cuadradas	___ unidades × ___ unidades = ___ unidades cuadradas
d. _____ unidades cuadradas	_____ unidades × ___ unidades = _____ unidades cuadradas

2. Jillian ordena bloques de patrón cuadrado en una matriz de 7 por 4. Dibuja la matriz de Jillian en la siguiente cuadrícula. ¿Cuántas unidades cuadradas hay en la matriz rectangular de Jillian?

a.

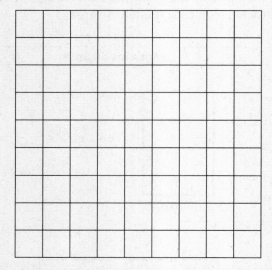

b. Identifica las longitudes laterales de la Parte (a) en la matriz de Jillian en el siguiente rectángulo. Después, escribe un enunciado de multiplicación para representar el área del rectángulo.

3. Fiona dibuja un rectángulo de 24 centímetros cuadrados. Gregory dibuja un rectángulo de 24 pulgadas cuadradas. ¿Cuál rectángulo tiene un área mayor? ¿Cómo lo sabe?

modelo de área

Lección 7:   Interpretar modelos de área para formar matrices rectangulares.

33

©2017 Great Minds®. eureka-math.org

Esta página se dejó en blanco intencionalmente

Nombre _____   Fecha _____

1. Escribe una ecuación de multiplicación para averiguar el área de cada rectángulo.

a.
7 pies

4 pies | Área: _____ pies cuadrados

_____ × _____ = _____

b.
7 pies

8 pies | Área: _____ pies cuadrados

_____ × _____ = _____

c.
6 pies

6 pies | Área: _____ pies cuadrados

_____ × _____ = _____

2. Escribe una ecuación de multiplicación y una ecuación de división para encontrar la longitud lateral desconocida para cada rectángulo.

a.
_____ pies

9 pies | Área = 72 pies cuadrados

_____ × _____ = _____

_____ ÷ _____ = _____

b.
_____ pies

3 pies | Área = 15 pies cuadrados

_____ × _____ = _____

_____ ÷ _____ = _____

c.
4 pies

_____ pies | Área = 28 pies cuadrados

_____ × _____ = _____

_____ ÷ _____ = _____

3. En la siguiente cuadrícula, dibuja un rectángulo con un área de 42 unidades cuadradas. Identifica las longitudes laterales.

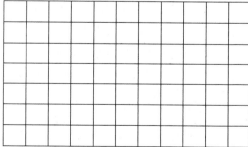

EUREKA MATH

Lección 8:   Encontrar el área de un rectángulo multiplicando las longitudes laterales.

©2017 Great Minds®. eureka-math.org

35

4. Ursa dibuja un rectángulo con longitudes laterales de 9 y 6 centímetros. ¿Cuál es el área del rectángulo? Explica cómo encontraste tu respuesta.

5. El dormitorio de Eliza mide 6 por 7 pies. El dormitorio de su hermano mide 5 pies por 8 pies. Eliza dice que sus dormitorios tienen exactamente la misma área de suelo. ¿Está en lo correcto? ¿Por qué sí o por qué no?

6. Cliff dibuja un rectángulo con una longitud lateral de 6 pulgadas y un área de 24 pulgadas cuadradas. ¿Cuál es la otra longitud lateral? ¿Cómo lo sabe?

EUREKA MATH™

Nombre _____ Fecha _____

1. Escribe una ecuación de multiplicación para averiguar el área de cada rectángulo.

a.

8 cm

3 cm | Área: _____ cm cuadrados |

_____ × _____ = _____

b.

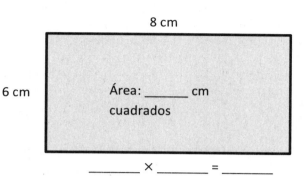

8 cm

6 cm Área: _____ cm cuadrados

_____ × _____ = _____

c.

4 pies

4 pies | Área: _____ pies cuadrados |

_____ × _____ = _____

d.

7 pies

4 pies Área: _____ pies cuadrados

_____ × _____ = _____

2. Escribe una ecuación de multiplicación y una ecuación de división para encontrar la longitud lateral desconocida para cada rectángulo.

a.

_____ pies

3 pies | Área: 24 pies cuadrados |

_____ × _____ = _____

_____ ÷ _____ = _____

b.

9 pies

_____ pies Área: 36 pies cuadrados

_____ × _____ = _____

_____ ÷ _____ = _____

 EUREKA MATH™

Lección 8: Encontrar el área de un rectángulo multiplicando las longitudes laterales.

37

©2017 Great Minds®. eureka-math.org

3. En la siguiente cuadrícula, dibuja un rectángulo con un área de 32 centímetros cuadrados. Identifica las longitudes laterales.

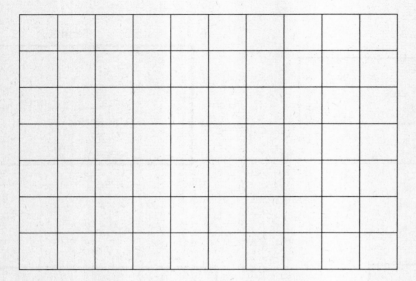

4. Patricia dibuja un rectángulo con longitudes laterales de 4 y 9 centímetros. ¿Cuál es el área del rectángulo? Explica cómo encontraste tu respuesta.

5. Carlos dibuja un rectángulo con una longitud lateral de 9 pulgadas y un área de 27 pulgadas cuadradas. ¿Cuál es la otra longitud lateral? ¿Cómo lo saben?

Lección 8:   Encontrar el área de un rectángulo multiplicando las longitudes laterales.

©2017 Great Minds®. eureka-math.org

EUREKA MATH™

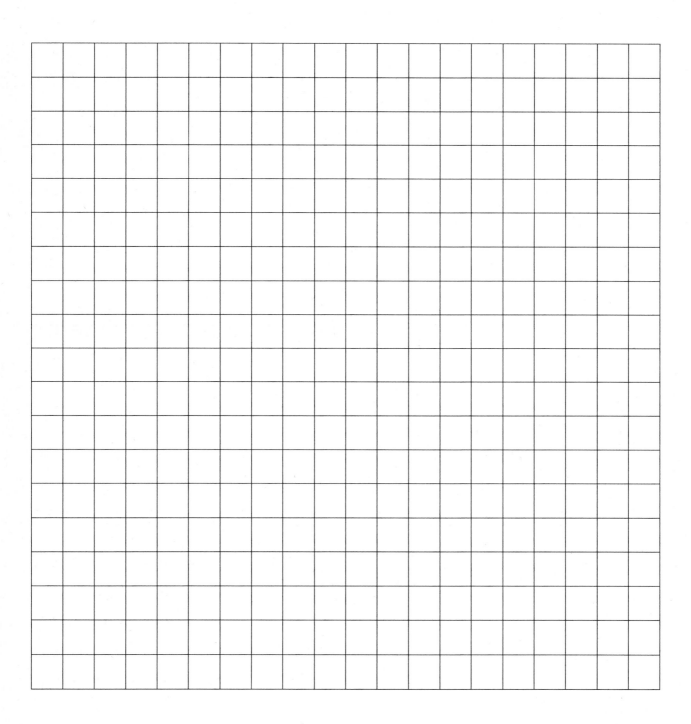

cuadrícula

EUREKA MATH™

Lección 8: Encontrar el área de un rectángulo multiplicando las longitudes laterales.

39

©2017 Great Minds®. eureka-math.org

Esta página se dejó en blanco intencionalmente

Nombre _____   Fecha _____

1. Corta la cuadrícula en 2 rectángulos iguales.

   a. Dibuja e identifica las longitudes laterales de los 2 rectángulos.

   b. Escribe una ecuación para encontrar el área de 1 de los rectángulos.

   c. Escribe una ecuación para mostrar el área total de los 2 rectángulos.

2. Coloca tus 2 rectángulos iguales uno junto al otro para crear un nuevo rectángulo más largo.

   a. Dibuja un modelo de área para mostrar el nuevo rectángulo. Identifica las longitudes laterales.

   b. Encuentra el área total del rectángulo más largo.

3. Furaha y Rahema usan losas cuadradas para hacer los siguientes rectángulos.

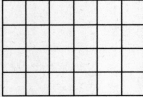
Rectángulo de Furaha

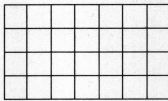
Rectángulo de Rahema

a. Identifica las longitudes laterales en los rectángulos de arriba y averigua el área de cada rectángulo.

b. Furaha pone su rectángulo al lado del rectángulo de Rahema para formar un rectángulo nuevo y más largo. Dibuja un modelo de área para mostrar el nuevo rectángulo. Identifica las longitudes laterales.

c. Rahema dice que el área del rectángulo nuevo y más largo es de 52 unidades cuadradas. ¿Está en lo correcto? Explica tu respuesta.

4. Kiera dice que puede encontrar el área del rectángulo más largo abajo sumando el área de los Rectángulos A y B. ¿Tiene razón? ¿Por qué sí o por qué no?

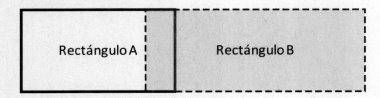
Rectángulo A   Rectángulo B

Lección 9:   Analizar rectángulos diferentes y razonar sobre sus áreas.

EUREKA MATH™

Nombre _____ Fecha _____

1. Usa la cuadrícula para responder las siguientes preguntas.

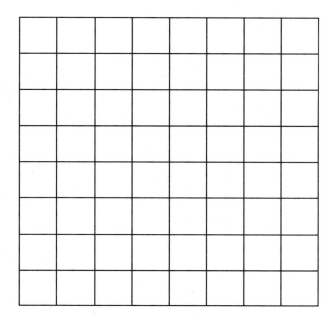

a. Dibuja una línea para dividir la cuadrícula en 2 rectángulos iguales. Sombrea 1 de los rectángulos que creaste.

b. Identifica las longitudes laterales de cada rectángulo.

c. Escribe una ecuación para mostrar el área total de los 2 rectángulos.

EUREKA MATH™

Lección 9:   Analizar rectángulos diferentes y razonar sobre sus áreas.

43

©2017 Great Minds®. eureka-math.org

2. Alexa corta parte de los 2 rectángulos iguales del Problema 1(a) y pone los dos lados más cortos uno junto al otro.

    a. Dibuja el nuevo rectángulo de Alexa e identifica las longitudes laterales a continuación.

    b. Encuentra el área total del nuevo rectángulo más largo.

    c. ¿Es el área del nuevo rectángulo más largo igual al área total en el Problema 1(c)? Explica por qué sí o por qué no.

cuadrícula de centímetros pequeña

Lección 9:   Analizar rectángulos diferentes y razonar sobre sus áreas.

45

Esta página se dejó en blanco intencionalmente

Nombre _____   Fecha _____

1. Identifica las longitudes laterales de los rectángulos sombreados y sin sombrear cuando sea necesario. Después, encuentra el área total del rectángulo grande sumando las áreas de los dos rectángulos más pequeños.

b.   **4**

a.

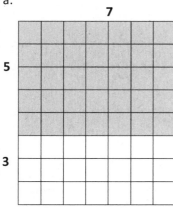

7

5

3

8 × 7 = (5 + 3) × 7

= (5 × 7) + (3 × 7)

= _____ + _____

= _____

Área: _____ unidades cuadradas

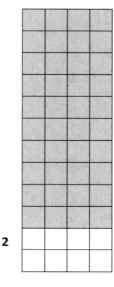

2

12 × 4 = (_____ + 2) × 4

= (_____ × 4) + (2 × 4)

= _____ + 8

= _____

Área: _____ unidades cuadradas

c.

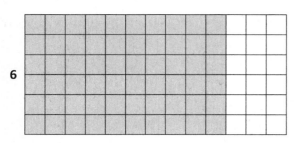

6

6 × 13 = 6 × (_____ + 3)

= (6 × _____) + (6 × 3)

= _____ + _____

= _____

Área: _____ unidades cuadradas

d.

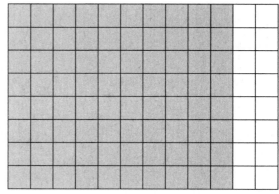

8 × 12 = 8 × (_____ + _____)

= (8 × _____) + (8 × _____)

= _____ + _____

= _____

Área: _____ unidades cuadradas

Lección 10:   Aplicar la propiedad distributiva como estrategia para encontrar el área total de un rectángulo grande sumando dos productos.

47

2. Vince imagina 1 fila más de ocho para encontrar el área total de un rectángulo de 9 x 8. Explica cómo le podría ayudar esto a resolver 9 x 8.

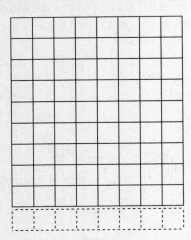

3. Divide el rectángulo de 15 x 5 en 2 rectángulos sombreando un rectángulo más pequeño adentro. Después, averigua la suma de las áreas de los 2 rectángulos más pequeños y muestra cómo se relaciona con el área total. Explica tu razonamiento.

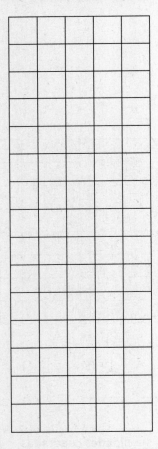

   Lección 10:   Aplicar la propiedad distributiva como estrategia para encontrar el área total de un rectángulo grande sumando dos productos.   **EUREKA MATH**™

Nombre _____ Fecha _____

1. Identifica las longitudes laterales de los rectángulos sombreados y sin sombrear. Después, encuentra el área total del rectángulo grande sumando las áreas de los 2 rectángulos más pequeños.

a.

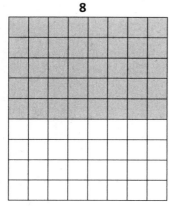

$9 \times 8 = (5 + 4) \times 8$

$= (5 \times 8) + (4 \times 8)$

$= \underline{\hspace{1cm}} + \underline{\hspace{1cm}}$

$= \underline{\hspace{1cm}}$

Área: _____ unidades cuadradas

b.

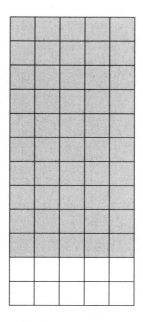

$12 \times 5 = (\underline{\hspace{1cm}} + 2) \times 5$

$= (\underline{\hspace{1cm}} \times 5) + (2 \times 5)$

$= \underline{\hspace{1cm}} + 10$

$= \underline{\hspace{1cm}}$

Área: _____ unidades cuadradas

c.

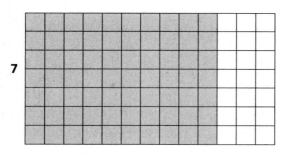

$7 \times 13 = 7 \times (\underline{\hspace{1cm}} + 3)$

$= (7 \times \underline{\hspace{1cm}}) + (7 \times 3)$

$= \underline{\hspace{1cm}} + \underline{\hspace{1cm}}$

$= \underline{\hspace{1cm}}$

Área: _____ unidades cuadradas

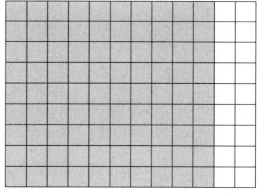

$9 \times 12 = 9 \times (\underline{\hspace{1cm}} + \underline{\hspace{1cm}})$

$= (9 \times \underline{\hspace{1cm}}) + (9 \times \underline{\hspace{1cm}})$

$= \underline{\hspace{1cm}} + \underline{\hspace{1cm}}$

$= \underline{\hspace{1cm}}$

Área: _____ unidades cuadradas

EUREKA MATH

Lección 10: Aplicar la propiedad distributiva como estrategia para encontrar el área total de un rectángulo grande sumando dos productos.

49

©2017 Great Minds®. eureka-math.org

2. Finn imagina 1 fila más de nueve para encontrar el área total de un rectángulo de 9 x 9. Explica cómo le podría ayudar esto a resolver 9 x 9.

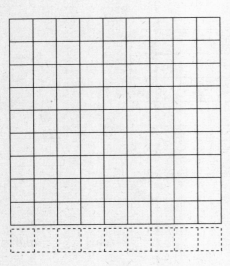

3. Sombrea un área para separar el rectángulo de 16 x 4 en 2 rectángulos más pequeños. Después, encuentra la suma de las áreas de los 2 rectángulos más pequeños para encontrar el área total. Explica tu razonamiento.

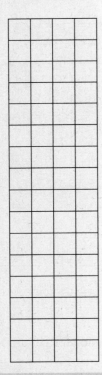

Lección 10:   Aplicar la propiedad distributiva como estrategia para encontrar el área total de un rectángulo grande sumando dos productos.

EUREKA MATH

mosaico

Lección 10:   Aplicar la propiedad distributiva como estrategia para encontrar el
área total de un rectángulo grande sumando dos productos.

51

©2017 Great Minds®. eureka-math.org

Esta página se dejó en blanco intencionalmente

Nombre _____ Fecha _____

1. Los siguientes rectángulos tienen la misma área. Mueve el paréntesis para averiguar las longitudes laterales desconocidas que hacen falta. Después, resuelve.

a.
6 cm

8 cm

Área: 8 × _____ = _____

Área: _____ cm2

b.
_____ cm

1 cm

Área: 1 × 48 = _____

Área: _____ cm2

Área: **8 × 6** = (2 × 4) × 6

= 2 × 4 × 6

= _____ × _____

= _____

Área: _____ cm2

c.
_____ cm

2 cm

d.
_____ cm

4 cm

Área: **8 × 6** = (4 × 2) × 6

= 4 × 2 × 6

= _____ × _____

= _____

Área: _____ cm2

e.
_____ cm

_____ cm

Área: **8 × 6** = 8 × (2 × 3)

= 8 × 2 × 3

= _____ × _____

= _____

Área: _____ cm2

2. ¿El Problema 1 muestra todas las posibles longitudes laterales de números enteros para un rectángulo con un área de 48 centímetros cuadrados? ¿Cómo lo sabes?

EUREKA MATH™

Lección 11: Demostrar las posibles longitudes laterales de números enteros de los rectángulos con áreas de 24, 36, 48 o 72 unidades cuadradas usando la propiedad asociativa

53

©2017 Great Minds®. eureka-math.org

3. En el Problema 1, ¿qué le sucede a la figura del rectángulo conforme se reduce la diferencia entre las longitudes laterales?

4. a. Encuentra el área del siguiente rectángulo.

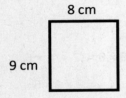

8 cm

9 cm

b. Julio dice que un rectángulo de 4 cm por 18 cm tiene la misma área que el rectángulo en la Parte (a). Coloca el paréntesis en la ecuación para averiguar la operación relacionada y resuelve. ¿Tiene razón Julio? ¿Por qué sí o por qué no?

$$4 \times 18 = 4 \times 2 \times 9$$
$$= 4 \times 2 \times 9$$
$$= \underline{\hspace{1cm}} \times \underline{\hspace{1cm}}$$
$$= \underline{\hspace{1cm}}$$

Área: _____ cm2

c. Usa la expresión 8 x 9 para encontrar las diferentes longitudes laterales para un rectángulo con la misma área que el rectángulo en la Parte (a). Muestra tus ecuaciones usando paréntesis. Después, calcula para dibujar el rectángulo e identificar las longitudes laterales.

Lección 11: Demostrar las posibles longitudes laterales de números enteros de los rectángulos con áreas de 24, 36, 48 o 72 unidades cuadradas usando la propiedad asociativa

©2017 Great Minds®. eureka-math.org

EUREKA
MATH™

Nombre _____ Fecha _____

1. Los siguientes rectángulos tienen la misma área. Mueve el paréntesis para averiguar las longitudes laterales desconocidas que hacen falta. Después, resuelve.

36 cm

1 cm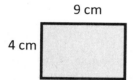

b. Área: 1 × 36 = _____

   Área: _____ cm2

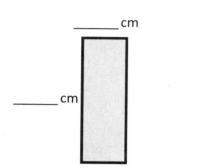

9 cm

4 cm

a. Área: 4 × _____ = _____

   Área: _____ cm2

_____ cm

2 cm

c. Área: **4 × 9** = (2 × 2) × 9

   = 2 × 2 × 9

   = _____ × _____

   = _____

   Área: _____ cm2

_____ cm

_____ cm

d. Área: **4 × 9** = 4 × (3 × 3)

   = 4 × 3 × 3

   = _____ × _____

   = _____

   Área: _____ cm2

e. Área: **12 × 3** = (6 × 2) × 3

   = 6 × 2 × 3

_____ cm

   = _____ × _____

_____ cm

   = _____

   Área: _____ cm2

2. ¿El Problema 1 muestra todas las posibles longitudes laterales de números enteros para un rectángulo con un área de 36 centímetros cuadrados? ¿Cómo lo sabes?

EUREKA MATH

Lección 11: Demostrar las posibles longitudes laterales de números enteros de los rectángulos con áreas de 24, 36, 48 o 72 unidades cuadradas usando la propiedad asociativa

©2017 Great Minds®. eureka-math.org

55

3.   a.   Encuentra el área del siguiente rectángulo.

6 cm

8 cm

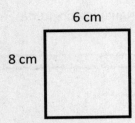

b.   Hilda dice que un rectángulo de 4 cm por 12 cm tiene la misma área que el rectángulo en la Parte (a).
Coloca el paréntesis en la ecuación para averiguar la operación relacionada y resuelve. ¿Tiene la
razón Hilda? ¿Por qué sí o por qué no?

$4 \times 12 = 4 \times 2 \times 6$

$ = 4 \times 2 \times 6$

$ = \underline{\hspace{1.5cm}} \times \underline{\hspace{1.5cm}}$

$ = \underline{\hspace{1.5cm}}$

Área: _____ cm2

c.   Usa la expresión 8 x 6 para encontrar las diferentes longitudes laterales para un rectángulo con la
misma área que el rectángulo en la Parte (a). Muestra tus ecuaciones usando paréntesis. Después,
calcula para dibujar el rectángulo e identifica las longitudes laterales.

Lección 11:   Demostrar las posibles longitudes laterales de números enteros de los
rectángulos con áreas de 24, 36, 48 o 72 unidades cuadradas usando la
propiedad asociativa

EUREKA
MATH™

Nombre _____   Fecha _____

1. Cada lado de una nota autoadhesiva mide 9 centímetros. ¿Cuál es el área de la nota autoadhesiva?

2. Stacy hace un mosaico en el siguiente rectángulo utilizando sus bloques de patrón cuadrado.

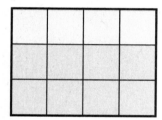

a. Averigua el área del rectángulo de Stacy en unidades cuadradas. Después dibuja e identifica un rectángulo diferente con longitudes laterales de números enteros que tenga la misma área.

b. ¿Puedes dibujar otro rectángulo con longitudes laterales de números enteros diferentes y tener la misma área? Explica cómo lo sabes.

3. Un artista pinta un mural de 4 x 16 pies en una pared. ¿Cuál es el área total del mural? Usa la estrategia de separar y distribuir.

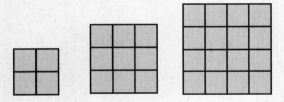

4. Alana hace un mosaico en las siguientes 3 figuras. Ella dice: "¡Estoy haciendo un patrón!"

    a. Averigua el área de las 3 figuras de Alana y explica su patrón.

    b. Dibuja las siguientes 2 figuras en el patrón de Alana y encuentra sus áreas.

5. Jermaine pega 3 trozos idénticos de papel como se muestra a continuación y hace un cuadrado. Averigua la longitud lateral desconocida de 1 trozo de papel. Después encuentra el área total de 2 trozos de papel.

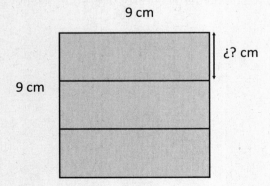

Lección 12:   Resolver problemas escritos sobre áreas.

EUREKA MATH™

Nombre _____   Fecha _____

1. Un calendario cuadrado tiene lados que miden 9 pulgadas de largo. ¿Cuál es el área del calendario?

2. Cada 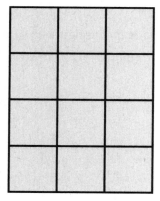 es 1 unidad cuadrada. Sienna usa las mismas unidades cuadradas para dibujar un rectángulo de 6 x 2 y dice que tiene la misma área que el siguiente rectángulo. ¿Está en lo correcto? Explica por qué sí o por qué no.

3. La superficie de un escritorio de oficina tiene un área de 15 pies cuadrados. Su longitud es de 5 pies. ¿Qué tan ancho es el escritorio de oficina?

4. Un jardín rectangular tiene un área total de 48 yardas cuadradas. Dibuja e identifica dos posibles jardines rectangulares con diferentes longitudes laterales que tengan la misma área.

5. Lila hace el siguiente patrón. Encuentra y explica su patrón. Después, dibuja la *quinta* figura en su patrón.

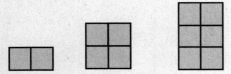

EUREKA
MATH™

Nombre _____ Fecha _____

1. Cada una de las siguientes figuras está compuesta por 2 rectángulos. Encuentra el área total de cada figura.

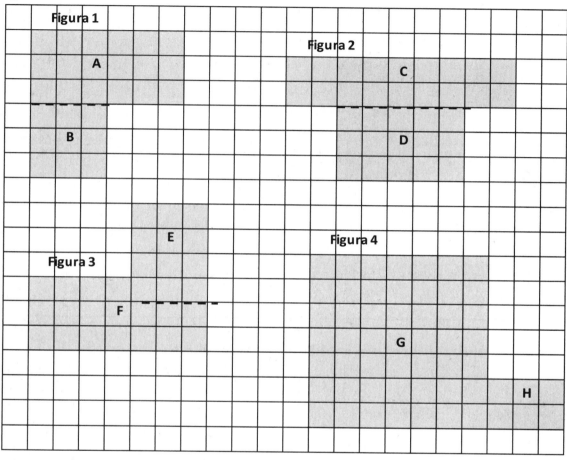

Figura 1: Área de A + Área de B: ___18___ unidades cuadradas + _____ unidades cuadradas = _____ unidades cuadradas

Figura 2: Área de C + Área de D: _____ unidades cuadradas + _____ unidades cuadradas = _____ unidades cuadradas

Figura 3: Área de E + Área de F: _____ unidades cuadradas + _____ unidades cuadradas = _____ unidades cuadradas

Figura 4: Área de G + Área de H: _____ unidades cuadradas + _____ unidades cuadradas = _____ unidades cuadradas

EUREKA MATH™

Lección 13: Encontrar áreas al descomponer en rectángulos o completar figuras compuestas para formar rectángulos.

©2017 Great Minds®. eureka-math.org

61

2. La figura muestra un rectángulo pequeño cortado a partir de un rectángulo más grande. Averigua el área de la figura sombreada.

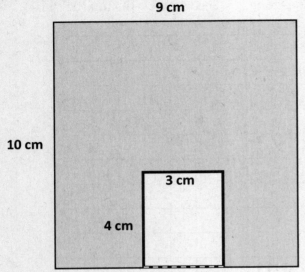

9 cm

10 cm

3 cm

4 cm

Área de la figura sombreada: _____ − _____ = _____

Área de la figura sombreada: _____ centímetros cuadrados

---

3. La figura muestra un rectángulo pequeño cortado a partir de un rectángulo más grande.

4 cm   _____ cm

7 cm

_____ cm

3 cm

9 cm

a. Identifica las medidas desconocidas.

b. Área del rectángulo grande:

   _____ cm × _____ cm = _____ cm cuadrados

c. Área del rectángulo pequeño:

   _____ cm × _____ cm = _____ cm cuadrados

d. Averigua el área de la figura sombreada.

Lección 13: Encontrar áreas al descomponer en rectángulos o completar figuras compuestas para formar rectángulos.

EUREKA MATH

Nombre _____ Fecha _____

1. Cada una de las siguientes figuras está compuesta por 2 rectángulos. Encuentra el área total de cada figura.

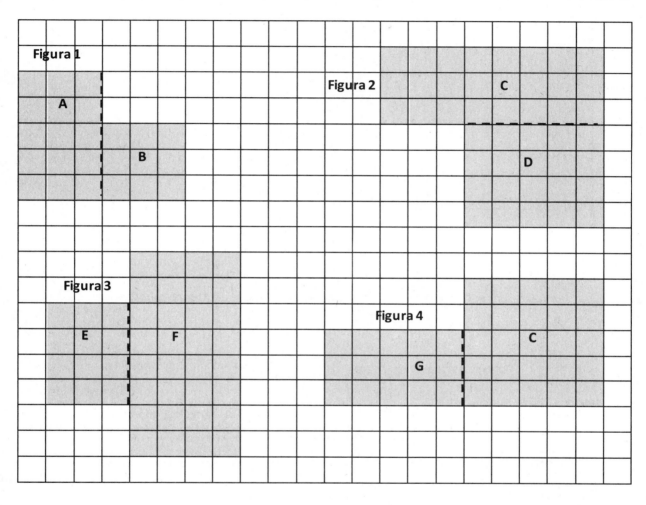

Figura 1: Área de A + Área de B: _____ unidades cuadradas + _____ unidades cuadradas = _____ unidades cuadradas

Figura 2: Área de C + Área de D: _____ unidades cuadradas + _____ unidades cuadradas = _____ unidades cuadradas

Figura 3: Área de E + Área de F: _____ unidades cuadradas + _____ unidades cuadradas = _____ unidades cuadradas

Figura 4: Área de G + Área de H: _____ unidades cuadradas + _____ unidades cuadradas = _____ unidades cuadradas

Lección 13:   Encontrar áreas al descomponer en rectángulos o completar figuras
compuestas para formar rectángulos.

63

2. La figura muestra un rectángulo pequeño cortado a partir de un rectángulo más grande. Averigua el área de la figura sombreada.

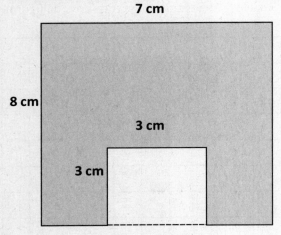

Área de la figura sombreada: _____ − _____ = _____

Área de la figura sombreada: _____ centímetros cuadrados

3. La figura muestra un rectángulo pequeño cortado a partir de un rectángulo más grande.

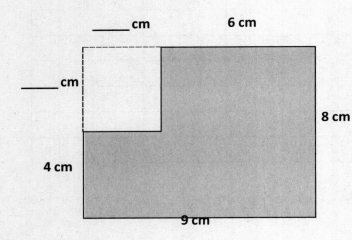

a. Marca las medidas desconocidas.

b. Área del rectángulo grande:

_____ cm × _____ cm = _____ cm cuadrados

c. Área del rectángulo pequeño:

_____ cm × _____ cm = _____ cm cuadrados

d. Averigua el área de la figura sombreada.

Lección 13: Encontrar áreas al descomponer en rectángulos o completar figuras compuestas para formar rectángulos.

©2017 Great Minds®. eureka-math.org

EUREKA MATH™

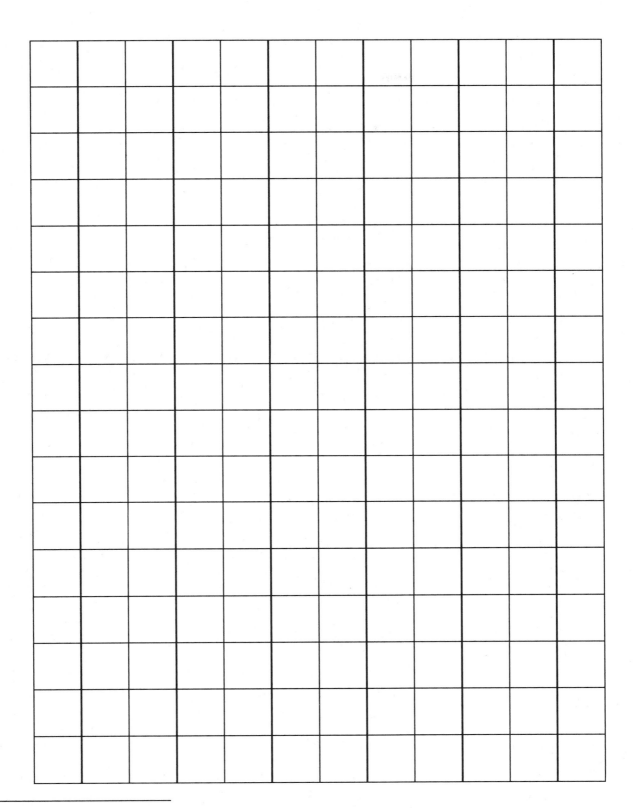

cuadrícula grande

Lección 13:   Encontrar áreas al descomponer en rectángulos o completar figuras compuestas para formar rectángulos.

65

Esta página se dejó en blanco intencionalmente

Nombre _____ Fecha _____

1. Encuentra el área de cada una de las siguientes figuras. Todas las figuras están compuestas por rectángulos.

   a.

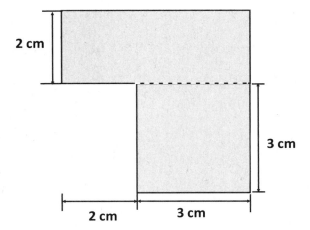

   b.

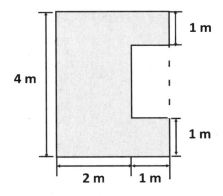

2. La siguiente figura muestra un rectángulo pequeño dentro de un rectángulo grande. Encuentra el área de la parte sombreada de la figura.

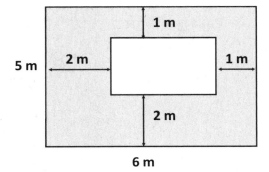

Lección 14:   Encontrar áreas al descomponer en rectángulos o completar figuras compuestas para formar rectángulos.

67

©2017 Great Minds®. eureka-math.org

3. Un rectángulo de papel mide 6 pulgadas de largo y 8 pulgadas de ancho. Del mismo se cortó un cuadrado con una longitud lateral de 3 pulgadas. ¿Cuál es el área del papel restante?

4. Tila y Evan tienen ambos rectángulos de papel con medidas de 6 cm por 9 cm. Tila corta un rectángulo de 3 cm por 4 cm del suyo y Evans corta 2 cm por 6 cm del suyo. Tila dice que a ella le queda más papel. Evan dice que ambos tienen la misma cantidad. ¿Quién tiene la razón? Muestra tu trabajo en el siguiente espacio.

Lección 14: Encontrar áreas al descomponer en rectángulos o completar figuras compuestas para formar rectángulos.

EUREKA MATH™

Nombre _____   Fecha _____

1. Encuentra el área de cada una de las siguientes figuras. Todas las figuras están compuestas por rectángulos.

    a.

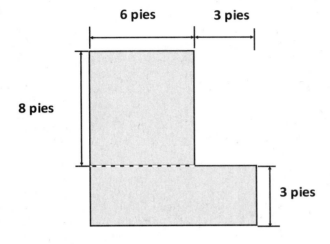

    b.

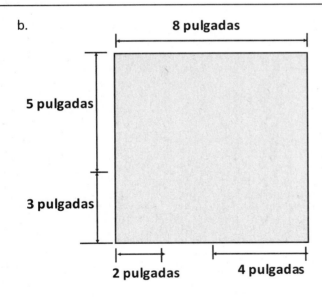

 Lección 14: Encontrar áreas al descomponer en rectángulos o completar figuras compuestas para formar rectángulos.

©2017 Great Minds®. eureka-math.org

69

2. La siguiente figura muestra un rectángulo pequeño cortado a partir de un rectángulo grande.

10 pies

2 pies

7 pies

3 pies

2 pies

2 pies

a. Identifica las longitudes laterales de la región sin sombrear.

b. Encuentra el área de la región sombreada.

Lección 14: Encontrar áreas al descomponer en rectángulos o completar figuras compuestas para formar rectángulos.

EUREKA MATH

Nombre _____   Fecha _____

1. Haz una predicción: ¿cuál habitación parece tener el área más grande?

2. Registra las áreas y muestra cuál estrategia utilizaste para averiguar cada área.

Habitación	Área	Estrategia
Habitación 1	_____ cm2	
Habitación 2	_____ cm2	
Cocina	_____ cm2	
Pasillo	_____ cm2	
Baño	_____ cm2	
Comedor	_____ cm2	
Sala de estar	_____ cm2	

   **Lección 15:**   Aplicar los conocimientos sobre áreas para determinar las áreas de las habitaciones en un plano determinado.   **71**

©2017 Great Minds®. eureka-math.org

3. ¿Cuál habitación tiene el área más grande? ¿Era correcta tu predicción? ¿Por qué sí o por qué no?

4. Encuentra las longitudes laterales de la casa sin usar la regla para medir y explica el proceso utilizado.

   Longitudes laterales: _____ centímetros y _____ centímetros

5. ¿Cuál es el área de todo el plano? ¿Cómo lo sabes?

   Área = _____ centímetros cuadrados

72   Lección 15:   Aplicar los conocimientos sobre áreas para determinar las áreas de las
                            habitaciones en un plano determinado.

EUREKA
MATH™

Las habitaciones en el siguiente plano son rectángulos o están conformadas por rectángulos.

Habitación 1	Baño

Cocina

Pasillo

Habitación 2

Comedor

Sala de estar

EUREKA
MATH™

Lección 15:   Aplicar los conocimientos sobre áreas para determinar las áreas de las habitaciones en un plano determinado.

73

©2017 Great Minds®. eureka-math.org

Esta página se dejó en blanco intencionalmente

Nombre _____ Fecha _____

Usa una regla para medir en centímetros las longitudes laterales de cada habitación enumerada. Después, encuentra el área. Usa las siguientes medidas para relacionar e identifica las habitaciones con las áreas correctas.

Cocina: 45 centímetros cuadrados   Sala de estar: 63 centímetros cuadrados

Porche: 34 centímetros cuadrados   Dormitorio: 56 centímetros cuadrados

Baño: 24 centímetros cuadrados   Pasillo: 12 centímetros cuadrados

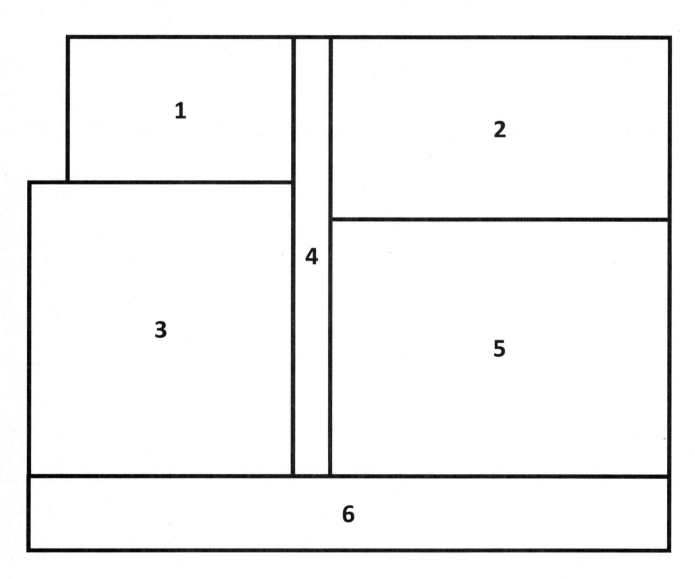

EUREKA MATH™

Lección 15:   Aplicar los conocimientos sobre áreas para determinar las áreas de las
            habitaciones en un plano determinado.

©2017 Great Minds®. eureka-math.org

75

Nombre _____ Fecha _____

Registra las nuevas longitudes laterales que has escogido para cada una de las habitaciones y muestra que estas longitudes laterales equivalen al área requerida. Para las habitaciones no rectangulares, registra las longitudes laterales y áreas de los rectángulos pequeños. Después, muestra cómo las áreas de los rectángulos pequeños equivalen al área requerida.

Habitación	Longitudes laterales nuevas
Habitación 1: 60 cm cuadrados	
Habitación 2: 56 cm cuadrados	
Cocina: 42 cm cuadrados	

Lección 16:   Aplicar los conocimientos sobre áreas para determinar las áreas de las habitaciones en un plano determinado.

77

©2017 Great Minds®. eureka-math.org

Habitación	Longitudes laterales nuevas
Pasillo: 24 cm cuadrados	
Baño: 25 cm cuadrados	
Comedor: 28 cm cuadrados	
Sala de estar: 88 cm cuadrados	

Lección 16: Aplicar los conocimientos sobre áreas para determinar las áreas de las habitaciones en un plano determinado.

EUREKA MATH™

Nombre _____ Fecha _____

Jeremy planea y diseña el parque de recreo de sus sueños en papel cuadriculado. Su nuevo parque de juegos cubrirá un área total de 100 unidades cuadradas. La tabla muestra cuánto espacio da él para cada área o equipo. Usa la información en la tabla para dibujar e identificar una forma posible en la que Jeremy pueda planear su parque de juegos.

Cancha de baloncesto	10 unidades cuadradas
Torre para escalar	9 unidades cuadradas
Tobogán	6 unidades cuadradas
Área de fútbol	24 unidades cuadradas

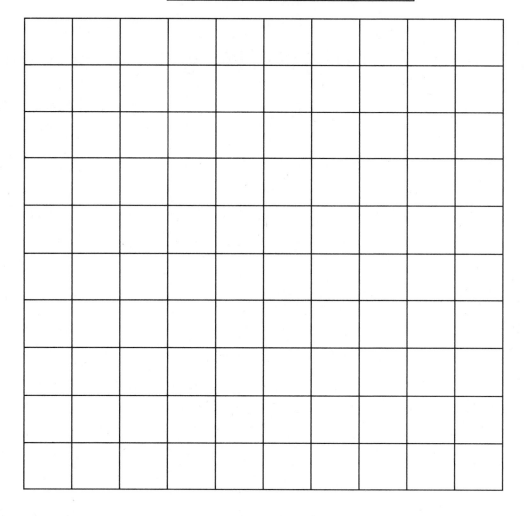

EUREKA MATH™

Lección 16: Aplicar los conocimientos sobre áreas para determinar las áreas de las habitaciones en un plano determinado.

79

©2017 Great Minds®. eureka-math.org

Esta página se dejó en blanco intencionalmente

Eureka Math
3.er grado
Módulo 5

Un agradecimiento especial al Gordon A. Cain Center y al Departamento de Matemáticas de la Universidad Estatal de Luisiana por su apoyo en el desarrollo de *Eureka Math*.

Para obtener un paquete
gratis de recursos de Eureka
Math para maestros,
Consejos para padres y más,
por favor visite
www.Eureka.tools

Publicado por la organización sin fines de lucro Great Minds®.

Copyright © 2017 Great Minds®.

Impreso en EE. UU.

Este libro puede comprarse directamente en la editorial en eureka-math.org

10 9 8 7 6 5 4 3 2 1

ISBN 978-1-68386-210-9

Nombre _____   Fecha _____

1. Se considera que un vaso de precipitado está lleno cuando el líquido llega a la línea de llenado cerca de la parte superior. Calcula la cantidad de agua en el vaso de precipitado al sombrear el dibujo como se indica. El primer ejercicio ya está resuelto.

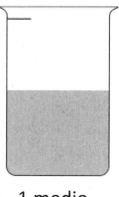

1 medio

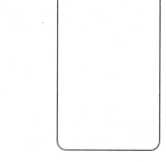

1 cuarto

1 tercio

2. Juanita corta su queso de hebra en partes iguales como se muestra en los rectángulos a continuación. En el espacio a continuación, nombra la fracción del queso de hebra representada por la parte sombreada.

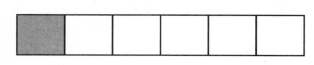 

EUREKA MATH

Lección 1:   Especificar y dividir un entero en partes iguales identificando
y contando fracciones unitarias usando modelos concretos.

1

©2017 Great Minds®. eureka-math.org

3. a. Dibuja un rectángulo pequeño en el siguiente espacio. Calcula para dividirlo en 2 partes iguales. ¿Cuántas líneas tuviste que dibujar para hacer 2 partes iguales? ¿Cuál es el nombre de cada unidad fraccionaria?

    b. Dibuja otro rectángulo pequeño. Calcula para dividirlo en 3 partes iguales. ¿Cuántas líneas tuviste que dibujar para hacer 3 partes iguales? ¿Cuál es el nombre de cada unidad fraccionaria?

    c. Dibuja otro rectángulo pequeño. Calcula para dividirlo en 4 partes iguales. ¿Cuántas líneas tuviste que dibujar para hacer 4 partes iguales? ¿Cuál es el nombre de cada unidad fraccionaria?

4. Cada rectángulo representa 1 hoja de papel.

    a. Calcula para demostrar cómo podrías cortar el papel en unidades fraccionarias como se indica a continuación.

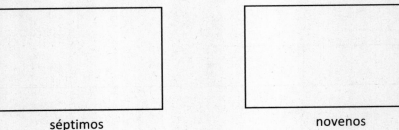

séptimos   novenos

    b. ¿Qué notas? ¿Cuántas líneas crees que podrías dibujar para hacer un rectángulo con 20 partes iguales?

5. Rochelle tiene una tira de madera de 12 pulgadas de largo. Ella la corta en piezas de 6 pulgadas de largo cada una. ¿Qué fracción de la madera es una pieza? Usa tu tira de la lección como ayuda. Dibuja una imagen para mostrar la pieza de madera y cómo la cortó Rochelle.

2   Lección 1:   Especificar y dividir un entero en partes iguales identificando
                             y contando fracciones unitarias usando modelos concretos.

                    ©2017 Great Minds®. eureka-math.org

EUREKA
MATH™

Nombre _____ Fecha _____

1. Se considera que un vaso de precipitado está lleno cuando el líquido llega a la línea de llenado cerca de la parte superior. Calcula la cantidad de agua en el vaso de precipitado al sombrear el dibujo como se indica. El primer ejercicio ya está resuelto.

1 medio   1 quinto   1 sexto

2. Danielle cortó su barra de caramelo en piezas iguales como se puede ver en los rectángulos a continuación. En el espacio a continuación, nombra la fracción de la barra de caramelo representada por la parte sombreada.

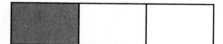  

_____   _____   _____

3. Cada círculo representa 1 pastel entero. Calcula para demostrar cómo podrías cortar el pastel en unidades fraccionarias como se indica a continuación.

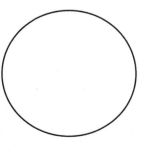 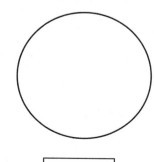 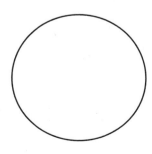

medios   tercios   sextos

EUREKA MATH™

Lección 1:   Especificar y dividir un entero en partes iguales identificando y contando fracciones unitarias usando modelos concretos.

3

©2017 Great Minds®. eureka-math.org

4. Cada rectángulo representa 1 hoja de papel. Calcula para dibujar líneas que demuestren cómo podrías cortar el papel en unidades fraccionarias como se indica a continuación.

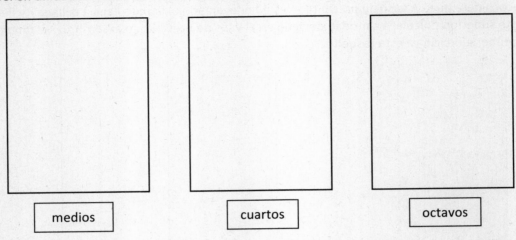

medios   cuartos   octavos

5. Cada rectángulo representa 1 hoja de papel. Calcula para dibujar líneas que muestren cómo podrías cortar el papel en unidades fraccionarias como se indica a continuación.

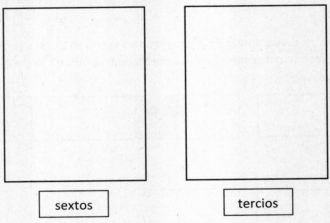

sextos   tercios

6. Yuri tiene una cuerda de 12 metros de largo. Él la corta en piezas de 2 metros de largo cada una. ¿Cuál fracción de la cuerda es una pieza? Dibuja una imagen. (Tal vez podrías doblar una tira de papel como ayuda para representar el problema).

7. Dawn compró 12 gramos de chocolate. Ella se comió la mitad del chocolate. ¿Cuántos gramos de chocolate se comió?

Lección 1:   Especificar y dividir un entero en partes iguales identificando y contando fracciones unitarias usando modelos concretos.

EUREKA MATH

Nombre _____ Fecha _____

1. Encierra en un círculo las tiras que están dobladas para hacer partes iguales.

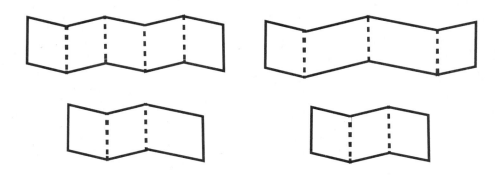

2.

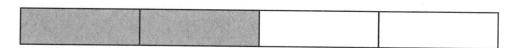

a. Hay _____ partes iguales en total. Se han sombreado _____ .

b. Hay _____ partes iguales en total. Se han sombreado _____ .

c. Hay _____ partes iguales en total. Se han sombreado _____ .

d. Hay _____ partes iguales en total. Se han sombreado _____ .

Lección 2:   Especificar y dividir un entero en partes iguales identificando y contando fracciones unitarias al doblar tiras de fracciones.

5

©2017 Great Minds®. eureka-math.org

Usa tus tiras de fracción como herramienta para ayudarte a resolver los siguientes problemas.

3. Noah, Pedro y Sharon comparten equitativamente una barra de caramelo entera. ¿Cuál de tus tiras de fracción muestra cómo cada uno de ellos obtiene una parte igual? Dibuja la barra de caramelo a continuación. Después, identifica la fracción de Sharon de la barra de caramelo.

4. Para hacer una cochera para su camión de juguete, Zeno dobla una pieza rectangular de cartón por la mitad. Después vuelve a doblar cada mitad a la mitad. ¿Cuál de tus tiras de fracción se relaciona mejor con esta historia?

    a. ¿Qué fracción del cartón original es cada parte? Dibuja e identifica a continuación la tira de fracción correspondiente.

    b. Zeno dobla otra pieza de cartón en tercios. Después vuelve a doblar cada tercio por la mitad. ¿Cuál de tus tiras de fracción se relaciona mejor con esta historia? Dibuja e identifica a continuación la tira de fracción correspondiente.

Lección 2:   Especificar y dividir un entero en partes iguales identificando y
               contando fracciones unitarias al doblar tiras de fracciones.

EUREKA MATH™

Nombre _____   Fecha _____

1. Encierra en un círculo las tiras que están cortadas en partes iguales.

2.

a. Hay _____ partes iguales en total. Se han sombreado _____.

b. Hay _____ partes iguales en total. Se han sombreado _____.

c. Hay _____ partes iguales en total. Se han sombreado _____.

d. Hay _____ partes iguales en total. Se han sombreado _____.

EUREKA MATH™   Lección 2:   Especificar y dividir un entero en partes iguales identificando y
contando fracciones unitarias al doblar tiras de fracciones.

©2017 Great Minds®. eureka-math.org

7

3. Dylan planea comer 1 quinto de su barra de caramelo. Sus 4 amigos quieren que la comparta equitativamente. Demuestra cómo Dylan y sus amigos pueden obtener una porción igual de la barra de caramelo.

4. Nasir horneó un pastel y lo cortó en cuartos. Después cortó cada pieza por la mitad.

   a. ¿Cuál fracción del pastel original representa cada pieza?

   b. Nasir se comió 1 pieza del pastel el martes y 2 piezas el miércoles. ¿Cuál fracción del pastel original no se comió?

Lección 2: Especificar y dividir un entero en partes iguales identificando y contando fracciones unitarias al doblar tiras de fracciones.

EUREKA MATH™

Nombre _____ Fecha _____

1. Cada figura es un entero dividido en partes iguales. Nombra la unidad fraccionaria y después cuenta y di cuántas de esas unidades están sombreadas. El primer ejercicio ya está resuelto.

_____Cuartos_____   _____   _____   _____

2 cuartos están sombreados.   _____   _____   _____

2. Encierra en un círculo las figuras que están divididas en partes iguales. Escribe un enunciado en el que indiques qué quiere decir *partes iguales*.

_____

_____

3. Cada figura es 1 entero. Calcula para dividir cada una en 4 partes iguales. Nombra la unidad fraccionaria abajo.

  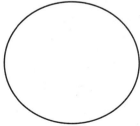

Unidad fraccionaria: _____

Lección 3: Especificar y dividir un entero en partes iguales identificando y contando fracciones unitarias al dibujar modelos de área pictóricos

9

©2017 Great Minds®. eureka-math.org

4. Cada figura es 1 entero. Divide y sombrea para mostrar la fracción determinada.

1 medio   1 sexto   1 tercio

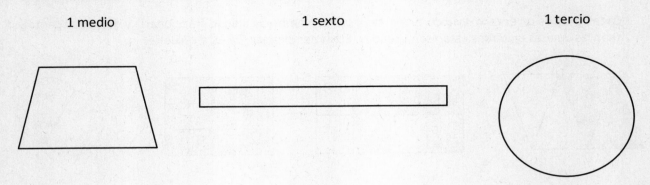

5. Cada figura es 1 entero. Calcula para dividir cada una en partes iguales (no dibujes cuartos). Divide cada entero usando una unidad fraccionaria diferente. Escribe el nombre de la unidad fraccionaria en la línea debajo de la figura.

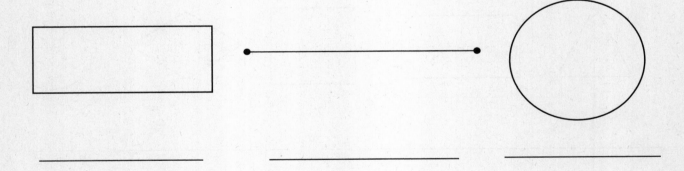

_____   _____   _____

6. Charlotte desea dividir equitativamente una barra de caramelo con 4 amigos. Dibuja la barra de caramelo de Charlotte. Dibuja cómo ella puede dividir su barra de caramelo de manera que todos obtengan una fracción igual. ¿Cuál fracción de la barra de caramelo obtiene cada persona?

Cada persona recibe _____.

10   Lección 3:   Especificar y dividir un entero en partes iguales identificando
y contando fracciones unitarias al dibujar modelos de área pictóricos

EUREKA MATH™

Nombre _____   Fecha _____

1. Cada figura es un entero dividido en partes iguales. Nombra la unidad fraccionaria y después cuenta y di cuántas de esas unidades están sombreadas. El primer ejercicio ya está resuelto.

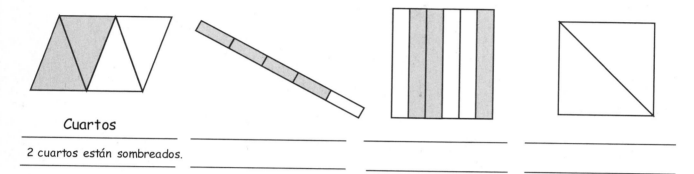

Cuartos
_____

2 cuartos están sombreados.   _____   _____   _____

2. Cada figura es 1 entero. Calcula para dividir cada una en partes iguales. Divide cada entero usando una unidad fraccionaria diferente. Escribe el nombre de la unidad fraccionaria en la línea debajo de la figura.

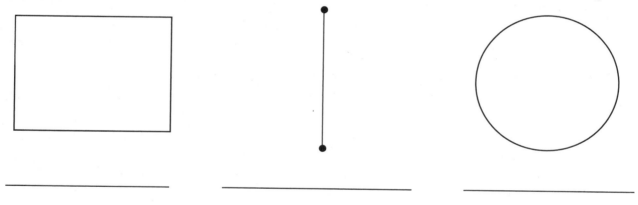

_____   _____   _____

3. Anita utiliza 1 hoja de papel para hacer un calendario que muestre cada mes del año. Dibuja el calendario de Anita. Muestra cómo puede dividir su calendario de manera que cada mes tenga el mismo espacio. ¿Qué fracción del calendario recibe cada mes?

Cada mes recibe _____.

EUREKA MATH

Lección 3:   Especificar y dividir un entero en partes iguales identificando
              y contando fracciones unitarias al dibujar modelos de área pictóricos

11

©2017 Great Minds®. eureka-math.org

Esta página se dejó en blanco intencionalmente

Nombre _____ Fecha _____

1. Dibuja una imagen de la tira amarilla en 3 (o 4) estaciones diferentes. Sombrea e identifica 1 unidad fraccionaria de cada una.

2. Dibuja una imagen de la barra café en 3 (o 4) estaciones diferentes. Sombrea e identifica 1 unidad fraccionaria de cada una.

3. Dibuja una imagen del cuadrado en 3 (o 4) estaciones diferentes. Sombrea e identifica 1 unidad fraccionaria de cada una.

4. Dibuja una imagen de la plastilina en 3 (o 4) estaciones diferentes. Sombrea e identifica 1 unidad fraccionaria de cada una.

5. Dibuja una imagen del agua en 3 (o 4) estaciones diferentes. Sombrea e identifica 1 unidad fraccionaria de cada una.

6. Extensión: Dibuja una imagen del estambre en 3 (o 4) estaciones diferentes.

Lección 4:   Representar e identificar las partes fraccionarias de diferentes enteros.

EUREKA MATH

Nombre _____ Fecha _____

Cada figura es 1 entero. Calcula para dividir equitativamente la figura y sombréala para mostrar la fracción determinada.

1. 1 medio

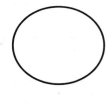 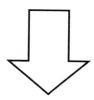 

A   B   C   D

2. 1 cuarto

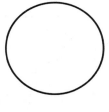 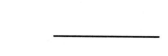  

A   B   C   D

3. 1 tercio

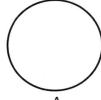 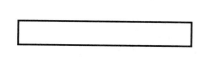  

A   B   C   D

4. Cada una de las figuras representa 1 entero. Relaciona cada figura con su fracción.

1 quinto

1 doceavo

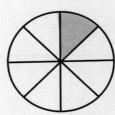

1 tercio

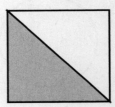

1 cuarto

1 medio

1 octavo

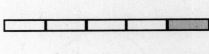

1 décimo

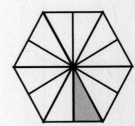

1 sexto

Lección 4:   Representar e identificar las partes fraccionarias de diferentes enteros.

EUREKA MATH™

Nombre _____ Fecha _____

1. Completa la tabla. Cada imagen es un entero.

		Cantidad total de partes iguales	Cantidad total de partes iguales sombreadas	Forma de unidad	Forma de fracción
a.					
b.					
c.					
d.					
e.					
f.					

Lección 5:   Dividir un entero en partes iguales y definir las partes iguales para identificar la fracción unitaria de forma numérica.

17

2. La mamá de André horneó sus 2 pasteles favoritos para su fiesta de cumpleaños. Los pasteles eran del mismo tamaño exactamente. André corta el primer pastel en 8 piezas para él y sus 7 amigos. La imagen de abajo muestra cómo lo cortó. ¿André cortó el pastel en octavos? Explica tu respuesta.

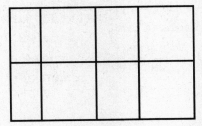

3. Dos de los amigos de André llegaron tarde a la fiesta. Ellos deciden que todos compartirán el segundo pastel. Muestra cómo puede cortar André el segundo pastel de manera que él y sus nueve amigos puedan obtener la misma cantidad sin que sobre nada. ¿Qué fracción del segundo pastel recibirá cada uno?

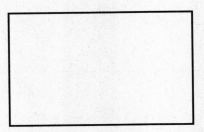

4. André piensa que es extraño que $\frac{1}{10}$ del pastel sea menos que $\frac{1}{8}$ del pastel, pues diez es mayor que ocho. Para explicarle a André, dibuja 2 rectángulos idénticos para representar el pastel. Muestra 1 décimo sombreado en uno y 1 octavo sombreado en el otro. Marca las fracciones unitarias y explícale a él cuál porción es mayor.

EUREKA
MATH™

Nombre _____ Fecha _____

1. Completa la tabla. Cada imagen es un entero.

	Cantidad total de partes iguales	Cantidad total de partes iguales sombreadas	Forma de unidad	Forma de fracción
a.				
b.				
c.				
d.				
e.				

EUREKA MATH™   Lección 5:   Dividir un entero en partes iguales y definir las partes iguales para identificar la fracción unitaria de forma numérica.   19

©2017 Great Minds®. eureka-math.org

2. Esta figura está dividida en 6 partes. ¿Son sextos? Explica tu respuesta.

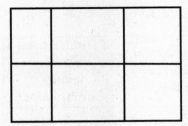

3. Terry y sus 3 amigos hornearon una pizza durante su pijamada. Ellos quieren compartir la pizza equitativamente. Muestra cómo Terry puede cortar la pizza de manera que él y sus 3 amigos puedan obtener cada uno una cantidad igual sin que nada sobre.

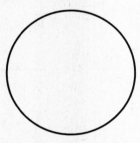

4. Dibuja dos rectángulos idénticos. Sombrea 1 séptimo de un rectángulo y 1 décimo del otro. Identifica las fracciones unitarias. Usa tus rectángulos para explicar porqué $\frac{1}{7}$ es mayor que $\frac{1}{10}$.

©2017 Great Minds®. eureka-math.org

Nombre _____ Fecha _____

1. Completa el enunciado numérico. Calcula para dividir cada tira en partes iguales, escribe la fracción unitaria dentro de cada unidad y sombrea la respuesta.

   Muestra:

   2 tercios $= \dfrac{2}{3}$

$\dfrac{1}{3}$	$\dfrac{1}{3}$	$\dfrac{1}{3}$

   a. 3 cuartos =

   b. 3 séptimos =

   c. 4 quintos =

   d. 2 sextos =

2. El Sr. Stevens compró 8 litros de refresco para una fiesta. Sus invitados tomaron 1 litro.

   a. ¿Qué fracción de los refrescos tomaron sus invitados?

   b. ¿Qué fracción de los refrescos sobró?

EUREKA MATH

Lección 6: Crear fracciones no unitarias menores que un entero a partir de las fracciones unitarias.

21

©2017 Great Minds®. eureka-math.org

3. Completa la tabla.

	Cantidad total de partes iguales	Cantidad total de partes iguales sombreadas	Fracción unitaria	Fracción sombreada
Muestra:	4	3	$\dfrac{1}{4}$	$\dfrac{3}{4}$
a.				
b.				
c.				
d.				
e.				

Lección 6: Crear fracciones no unitarias menores que un entero a partir de las fracciones unitarias.

EUREKA MATH™

Nombre _____   Fecha_____

1. Completa el enunciado numérico. Calcula para dividir cada tira en partes iguales, escribe la fracción unitaria dentro de cada unidad y sombrea la respuesta.

Muestra:

3 cuartos = $\dfrac{3}{4}$

a. 2 tercios =

b. 5 séptimos =

c. 3 quintos =

d. 2 octavos =

2. El Sr. Abney compró 6 kilogramos de arroz y cocinó 1 kilogramo para la cena.

a. ¿Qué fracción del arroz cocinó para la cena?

b. ¿Qué fracción del arroz sobró?

EUREKA MATH™

Lección 6:   Crear fracciones no unitarias menores que un entero a partir de las fracciones unitarias.

©2017 Great Minds®. eureka-math.org

23

3. Completa la tabla.

	Cantidad total de partes iguales	Cantidad total de partes iguales sombreadas	Fracción unitaria	Fracción sombreada
Muestra:	6	5	$\dfrac{1}{6}$	$\dfrac{5}{6}$
a.				
b.				
c.				
d.				

Lección 6: Crear fracciones no unitarias menores que un entero a partir de las fracciones unitarias.

EUREKA MATH™

Nombre _____ Fecha _____

Susurra la fracción de la figura que está sombreada. Después, relaciona la figura con la cantidad que <u>no</u> está sombreada.

1.

                             ▪ 2 tercios

2.

                             ▪ 6 séptimos

3.

                             ▪ 4 quintos

4.

                             ▪ 8 novenos

5.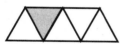

                             ▪ 1 medio

6.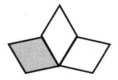

                             ▪ 5 sextos

7.

                             ▪ 7 octavos

8.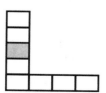

                             ▪ 3 cuartos

9. a. ¿Cuántos octavos hay en 1 entero? _____

   b. ¿Cuántos novenos hay en 1 entero? _____

   c. ¿Cuántos doceavos hay en 1 entero? _____

10. Cada tira representa 1 entero. Escribe una fracción para identificar las partes sombreadas y no sombreadas.

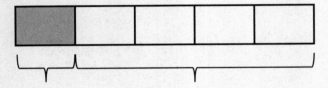

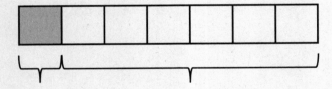

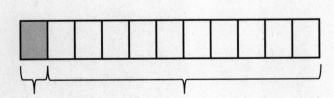

11. Avanti leyó 1 sexto de su libro. ¿Qué fracción de su libro no ha leído aún?

26

Lección 7: Identificar y representar partes sombreadas y no sombreadas de un entero como fracciones.

EUREKA MATH

Nombre _____ Fecha _____

Susurra la fracción de la figura que está sombreada. Después, relaciona la figura con la cantidad que <u>no</u> está sombreada.

1.

- 9 décimos

2.

- 4 quintos

3.

- 10 onceavos

4.

- 5 sextos

5.

- 1 medio

6.

- 2 tercios

7.

- 3 cuartos

8.

- 6 séptimos

EUREKA MATH™

Lección 7:   Identificar y representar partes sombreadas y no sombreadas de un entero como fracciones.

27

9. Cada tira representa 1 entero. Escribe una fracción para identificar las partes sombreadas y no sombreadas.

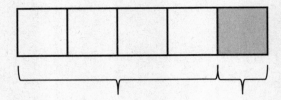

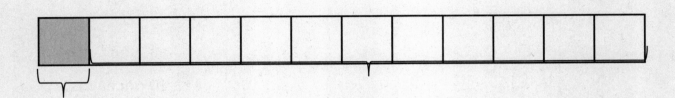

10. Carlia terminó 1 cuarto de su tarea el sábado. ¿Qué fracción de su tarea no ha terminado aún? Dibuja y explica.

11. Jerónimo cocina 8 tazas de avena para su familia. Ellos se comen 7 octavos de la avena. ¿Qué fracción de la avena queda sin comer? Dibuja y explica.

EUREKA MATH™

Nombre _____ Fecha _____

Muestra un vínculo numérico que represente lo que está sombreado y lo que no está sombreado en cada una de las figuras. Dibuja una representación visual diferente que se podría representar con el mismo vínculo numérico.

Muestra:

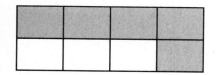 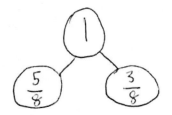

1.

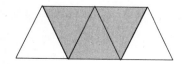

2.

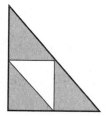

3.

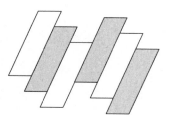

4.

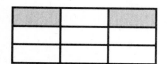

Lección 8:   Representar partes de un entero como fracciones con vínculos numéricos.

29

5. Dibuja un vínculo numérico con 2 partes donde se muestren las fracciones sombreadas y no sombreadas de cada figura. Descompón ambas partes del vínculo numérico en fracciones unitarias.

a.   b.   c.   d.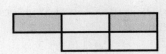

6. El chef puso $\frac{1}{4}$ de carne molida en la parrilla para hacer una hamburguesa y puso el resto en el refrigerador. Dibuja un vínculo numérico de 2 partes en el que se muestre la fracción de la carne molida en la parrilla y la fracción en el refrigerador. Dibuja una representación visual de toda la carne molida. Sombrea lo que está en el refrigerador.

a. ¿Qué fracción de la carne molida estaba en el refrigerador?

b. ¿Cuántas hamburguesas más puede hacer el chef si las hace todas del mismo tamaño que la primera?

c. Muestra la carne molida refrigerada dividida en fracciones unitarias en tu vínculo numérico de arriba.

EUREKA MATH™

Nombre _____ Fecha _____

Muestra un vínculo numérico que represente lo que está sombreado y lo que no está sombreado en cada una de las figuras. Dibuja un modelo visual diferente que se podría representar con el mismo vínculo numérico.

Muestra:

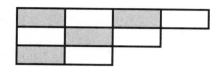

1.

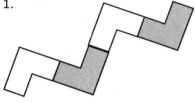

2.

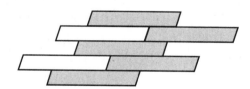

3.

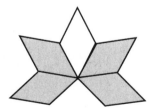

4.

Lección 8:   Representar partes de un entero como fracciones con vínculos numéricos.

31

©2017 Great Minds®. eureka-math.org

5. Dibuja un vínculo numérico con 2 partes donde se muestren las fracciones sombreadas y no sombreadas de cada figura. Descompón ambas partes del vínculo numérico en fracciones unitarias.

a.

b.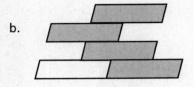

c.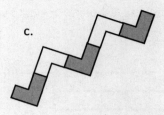

6. Johnny hizo un emparedado cuadrado de mermelada y mantequilla de maní. Él se comió $\frac{1}{3}$ y dejó el resto en el plato. Dibuja una imagen del emparedado de Johnny. Sombrea la parte que él dejó en su plato y después dibuja un vínculo numérico que coincida con lo que dibujaste. ¿Cuál fracción de su sándwich dejó Johnny en su plato?

Nombre _____ Fecha _____

1. Cada figura representa 1 entero. Completa la tabla.

	Fracción unitaria	Cantidad total de unidades sombreadas	Fracción sombreada
a. Muestra:	$\frac{1}{2}$	5	$\frac{5}{2}$
b.			
c.			
d.			
e.			
f.			

EUREKA MATH

Lección 9: Crear y escribir fracciones mayores que un entero usando las fracciones unitarias.

33

©2017 Great Minds®. eureka-math.org

2. Calcula y dibuja unidades en las tiras de fracción. Resuelve.

Muestra:

5 tercios = $\frac{5}{3}$

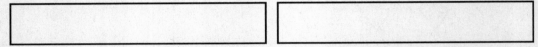

a. 8 sextos =

b. 7 cuartos =

c. _____ = $\frac{6}{5}$

d. _____ = $\frac{5}{2}$

3. La Sra. Jawlik horneó 2 bandejas de bizcochos de chocolate. Dibuja las bandejas y calcula cómo dividir cada bandeja en 8 piezas iguales.

a. Los hijos de la Sra. Jawlik se comieron 10 piezas. Sombrea la cantidad que se comieron.

b. Escribe una fracción para mostrar cuántas bandejas de bizcochos de chocolate comieron sus hijos.

Lección 9: Crear y escribir fracciones mayores que un entero usando las fracciones unitarias.

©2017 Great Minds®. eureka-math.org

EUREKA MATH™

Nombre _____   Fecha _____

1. Cada figura representa 1 entero. Completa la tabla.

	Fracción unitaria	Cantidad total de unidades sombreadas	Fracción sombreada
a. Muestra:	$\dfrac{1}{2}$	3	$\dfrac{3}{2}$
b.			
c.			
d.			
e.			
f.			

EUREKA MATH

Lección 9: Crear y escribir fracciones mayores que un entero usando las fracciones unitarias.

35

©2017 Great Minds®. eureka-math.org

2. Calcula para dibujar y sombrear las unidades en las tiras de fracción. Resuelve.

Muestra:

7 cuartos = $\frac{7}{4}$

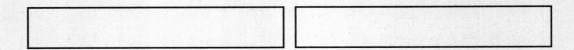

a. 5 tercios =

b. _____ = $\frac{9}{3}$

3. Reggie compró 2 barras de caramelo. Dibuja las barras de caramelo y calcula cómo dividir cada barra en 4 piezas iguales.

a. Reggie se comió 5 piezas. Sombrea la cantidad que se comió.

b. Escribe una fracción para mostrar cuántas barras de caramelo se comió Reggie.

Lección 9: Crear y escribir fracciones mayores que un entero usando las fracciones unitarias.

EUREKA MATH

Nombre _____   Fecha _____

1. Cada tira de fracción es 1 entero. Todas las tiras de fracción son del mismo largo. Colorea 1 unidad fraccionaria en cada tira y luego responde las siguientes preguntas.

$\frac{1}{2}$

$\frac{1}{4}$

$\frac{1}{8}$

$\frac{1}{3}$

$\frac{1}{6}$

2. Encierra en un círculo *menor que* o *mayor que*. Susurra el enunciado completo.

a. $\frac{1}{2}$ es   menor que   mayor que $\frac{1}{4}$ b. $\frac{1}{6}$ es   menor que   mayor que $\frac{1}{2}$

c. $\frac{1}{3}$ es   menor que   mayor que $\frac{1}{2}$ d. $\frac{1}{3}$ es   menor que   mayor que $\frac{1}{6}$

e. $\frac{1}{8}$ es   menor que   mayor que $\frac{1}{6}$ f. $\frac{1}{8}$ es   menor que   mayor que $\frac{1}{4}$

g. $\frac{1}{2}$ es   menor que   mayor que $\frac{1}{8}$ h. 9 octavos es   menor que   mayor que   2 mitades

3. Lily necesita $\frac{1}{3}$ tazas de aceite y $\frac{1}{4}$ tazas de agua para hacer panqués. ¿Lily usará más aceite o más agua? Justifica tu respuesta usando imágenes, números y palabras.

4. Usa >, < o = para comparar.

   a. 1 tercio ◯ 1 quinto

   b. 1 séptimo ◯ 1 cuarto

   c. 1 sexto ◯ $\frac{1}{6}$

   d. 1 décimo ◯ $\frac{1}{12}$

   e. $\frac{1}{16}$ ◯ 1 onceavo

   f. 1 entero ◯ 2 mitades

   Extensión:

   g. $\frac{1}{8}$ ◯ 1 octavo ◯ $\frac{1}{6}$ ◯ $\frac{1}{3}$ ◯ 2 mitades ◯ 1 entero

5. Tu amigo Eric dice que $\frac{1}{6}$ es mayor que $\frac{1}{5}$ porque 6 es mayor que 5. ¿Tiene razón Eric? Usa palabras e imágenes para explicar lo que le sucede al tamaño de una fracción unitaria cuando aumenta la cantidad de partes.

Lección 10: Comparar fracciones unitarias al analizar su tamaño con la ayuda de tiras de fracción.

EUREKA MATH™

Nombre _____ Fecha _____

1. Cada tira de fracción es 1 entero. Todas las tiras de fracción son del mismo largo. Colorea 1 unidad fraccionaria en cada tira y luego responde las siguientes preguntas.

$\frac{1}{2}$

$\frac{1}{3}$

$\frac{1}{5}$

$\frac{1}{4}$

$\frac{1}{9}$

2. Encierra en un círculo *menor que* o *mayor que*. Susurra el enunciado completo.

a. $\frac{1}{2}$ es   menor que $\frac{1}{3}$ b. $\frac{1}{9}$ es   menor que $\frac{1}{2}$
     mayor que   mayor que

c. $\frac{1}{4}$ es   menor que $\frac{1}{2}$ d. $\frac{1}{4}$ es   menor que $\frac{1}{9}$
     mayor que   mayor que

e. $\frac{1}{5}$ es   menor que $\frac{1}{3}$ f. $\frac{1}{5}$ es   menor que $\frac{1}{4}$
     mayor que   mayor que

g. $\frac{1}{2}$ es   menor que $\frac{1}{5}$ h. 6 quintos es   menor que   3 tercios
     mayor que   mayor que

EUREKA MATH™

Lección 10:   Comparar fracciones unitarias al analizar su tamaño con la ayuda de tiras de fracción.

39

©2017 Great Minds®. eureka-math.org

3. Después de su juego de fútbol Malik bebe $\frac{1}{2}$ litros de agua y $\frac{1}{3}$ litros de jugo. ¿Malik bebió más agua o más jugo? Dibuja y calcula para dividir. Explica tu respuesta.

4. Usa >, < o = para comparar.

a. 1 cuarto $\bigcirc$ 1 octavo

b. 1 séptimo $\bigcirc$ 1 quinto

c. 1 octavo $\bigcirc$ $\frac{1}{8}$

d. 1 doceavo $\bigcirc$ $\frac{1}{10}$

e. $\frac{1}{15}$ $\bigcirc$ 1 treceavo

f. 3 tercios $\bigcirc$ 1 entero

5. Escribe un problema escrito sobre la comparación de fracciones para que resuelvan tus amigos. Asegúrate de mostrar la solución de manera que tus amigos puedan revisar su trabajo.

Lección 10:   Comparar fracciones unitarias al analizar su tamaño con la ayuda de tiras de fracción.

EUREKA MATH

Nombre _____   Fecha _____

Identifica la fracción unitaria. En cada espacio en blanco, dibuja e identifica el mismo entero con una fracción unitaria sombreada que haga verdadero el enunciado. Hay más de 1 forma correcta para hacer que el enunciado sea verdadero.

Muestra: $\dfrac{1}{4}$	es menor que	$\dfrac{1}{2}$
1.	es mayor que	
2.	es menor que	
3.	es mayor que	
4.	es menor que	

EUREKA MATH™

Lección 11:   Comparar fracciones unitarias con modelos de diferentes tamaños que representan el entero.

41

©2017 Great Minds®. eureka-math.org

5.	es mayor que	
6.	es menor que	
7.	es mayor que	

8. Llena el espacio en blanco con una fracción para hacer el enunciado verdadero y dibuja un modelo que le corresponda.

$\frac{1}{4}$ es menor que	☐	$\frac{1}{2}$ es mayor que	☐

Lección 11: Comparar fracciones unitarias con modelos de diferentes tamaños que representan el entero.

EUREKA MATH™

9. Roberto comió $\frac{1}{2}$ de una pizza pequeña. Elizabeth comió $\frac{1}{4}$ de una pizza grande. Elizabeth dice: "Mi porción es mayor que la tuya, lo que quiere decir que $\frac{1}{4} > \frac{1}{2}$". ¿Tiene Elizabeth la razón? Explica tu respuesta.

10. Manny y Daniel se comieron cada uno $\frac{1}{2}$ de su caramelo como se muestra a continuación. Manny dice que él comió más del caramelo que Daniel porque su mitad es más larga. ¿Tiene razón? Explica tu respuesta.

Barra de caramelo
de Manny

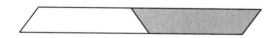

Barra de caramelo
de Daniel

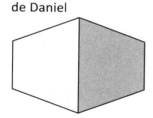

EUREKA MATH™   **Lección 11:**   Comparar fracciones unitarias con modelos de diferentes tamaños que representan el entero.   **43**

©2017 Great Minds®. eureka-math.org

Esta página se dejó en blanco intencionalmente

Nombre _____   Fecha _____

Identifica la fracción unitaria. En cada espacio en blanco, dibuja e identifica el mismo entero con una fracción unitaria sombreada que haga verdadero el enunciado. Hay más de 1 forma correcta para hacer que el enunciado sea verdadero.

Muestra: $\frac{1}{3}$	es menor que	$\frac{1}{2}$
1.	es mayor que	
2.	es menor que	
3.	es mayor que	
4.	es menor que	

EUREKA MATH™

Lección 11:   Comparar fracciones unitarias con modelos de diferentes tamaños que representan el entero.

©2017 Great Minds®. eureka-math.org

45

5.	es mayor que	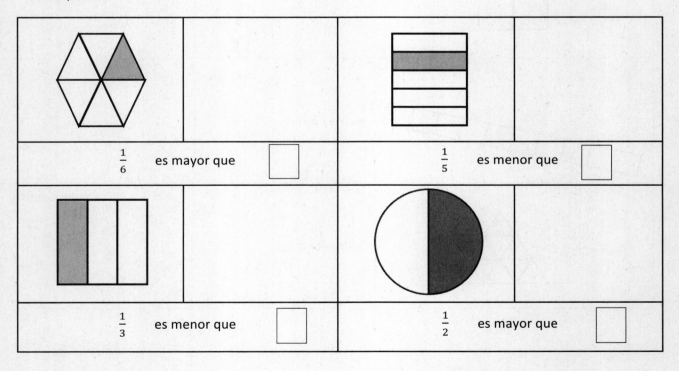
6.	es menor que	
7.	es mayor que	

8. Llena el espacio en blanco con una fracción para hacer el enunciado verdadero. Dibuja un modelo que le corresponda.

$\frac{1}{6}$ es mayor que	☐	$\frac{1}{5}$ es menor que	☐
$\frac{1}{3}$ es menor que	☐	$\frac{1}{2}$ es mayor que	☐

Lección 11:   Comparar fracciones unitarias con modelos de diferentes tamaños que representan el entero.

EUREKA MATH™

9. Debbie se comió $\frac{1}{8}$ de un bizcocho de chocolate grande. Julian se comió $\frac{1}{2}$ de un bizcocho de chocolate pequeño. Julian dice: "Yo comí más que tú porque $\frac{1}{2} > \frac{1}{8}$".

a. Usa imágenes y palabras para explicar el error de Julián.

b. ¿Cómo podrías cambiar el problema de manera que Julian tenga la razón? Usa imágenes y palabras para explicar.

Lección 11:   Comparar fracciones unitarias con modelos de diferentes tamaños que representan el entero.

47

©2017 Great Minds®. eureka-math.org

Esta página se dejó en blanco intencionalmente

Nombre _____ Fecha _____

Para cada uno de los siguientes:

- Dibuja una imagen de la fracción unitaria designada copiada para hacer al menos dos enteros diferentes.
- Identifica las fracciones unitarias.
- Identifica el entero como 1.
- Dibuja al menos un vínculo numérico que coincida con un dibujo.

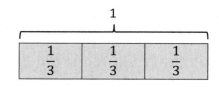

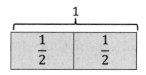

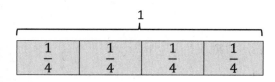

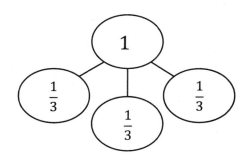

1. Tira amarilla

2. Tira café

EUREKA MATH™

Lección 12:   Especificar el entero correspondiente cuando se presenta con una parte igual.

49

©2017 Great Minds®. eureka-math.org

3. Cuadrado naranja

4. Estambre

5. Agua

6. Plastilina

Lección 12: Especificar el entero correspondiente cuando se presenta con una parte igual.

EUREKA MATH™

Nombre _____ Fecha _____

Cada figura representa la fracción unitaria determinada. Calcula para representar un posible entero.

1. $\frac{1}{2}$

2. $\frac{1}{6}$

3. 1 tercio

4. 1 cuarto

Cada figura representa la fracción unitaria determinada. Calcula para representar un posible entero, identifica las fracciones unitarias y dibuja un vínculo numérico que coincida con el dibujo. El primer ejercicio ya está resuelto.

5. $\frac{1}{3}$

   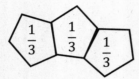   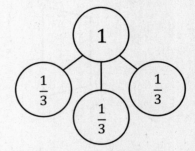

6. $\frac{1}{2}$

7. $\frac{1}{5}$

8. $\frac{1}{7}$

Lección 12: Especificar el entero correspondiente cuando se le presenta con una parte igual.

EUREKA MATH

9. Evan y Yong utilizaron esta figura , que representa la fracción unitaria $\frac{1}{3}$, para dibujar 1 entero. Shania piensa que ambos lo hicieron correctamente. ¿Estás de acuerdo con ella? Explica tu respuesta.

Figura de
Evan

Figura de
Yong

EUREKA MATH™

Lección 12: Especificar el entero correspondiente cuando se le presenta con una parte igual.

53

©2017 Great Minds®. eureka-math.org

Esta página se dejó en blanco intencionalmente

Nombre _____ Fecha _____

La figura representa 1 entero. Escribe una fracción unitaria para describir la parte sombreada.	La parte sombreada representa 1 entero. Divide 1 entero para mostrar la misma fracción unitaria que escribiste en la Parte (a).
1. a.	b.
2. a.	b.
3. a.	b.
4. a.	b.
5. a.	b.

Lección 13: Identificar una parte fraccionaria sombreada en distintas formas según la designación del entero.

55

©2017 Great Minds®. eureka-math.org

6. Usa el siguiente diagrama para completar los siguientes enunciados.

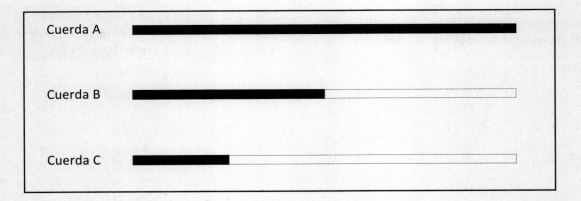

a. La Cuerda _____ mide $\frac{1}{2}$ del largo de la Cuerda B.

b. La Cuerda _____ mide $\frac{1}{2}$ del largo de la Cuerda A.

c. La Cuerda C mide $\frac{1}{4}$ del largo de la Cuerda _____.

d. Si la Cuerda B mide 1 metro de largo, entonces la Cuerda A mide _____ metros de largo y la Cuerda C mide _____ m de largo.

e. Si la Cuerda A mide 1 metro de largo, entonces la Cuerda B mide _____ metros de largo y la Cuerda C mide _____ m de largo.

7. La Srta. Fan dibujó la figura de abajo en la pizarra. Ella le pidió a la clase que nombraran la fracción sombreada. Carlos respondió $\frac{3}{4}$. Janice respondió $\frac{3}{2}$. Jenna cree que ambos tienen la razón. ¿Con quién estas de acuerdo? Explica tu razonamiento.

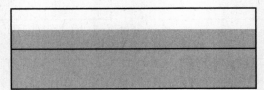

Lección 13:   Identificar una parte fraccionaria sombreada en distintas formas según la designación del entero.

EUREKA MATH™

Nombre _____   Fecha _____

La figura representa 1 entero. Escribe una fracción para describir la parte sombreada.	La parte sombreada representa 1 entero. Divide 1 entero para mostrar la misma fracción unitaria que escribiste en la Parte (a).
1. a.	b.
2. a.	b.
3. a.	b.
4. a.	b.

EUREKA MATH™

Lección 13:   Identificar una parte fraccional sombreada en distintas formas según la designación del entero.

57

©2017 Great Minds®. eureka-math.org

5. Usa las siguientes imágenes para completar los siguientes enunciados.

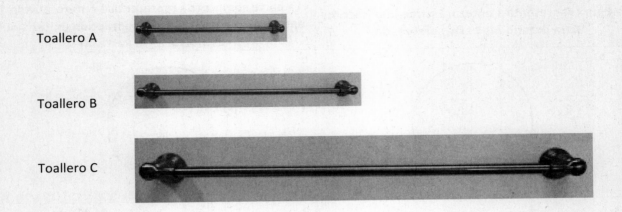

Toallero A

Toallero B

Toallero C

a. El Toallero _____ mide aproximadamente $\frac{1}{2}$ del largo del Toallero C.

b. El Toallero _____ mide aproximadamente $\frac{1}{3}$ del largo del Toallero C.

c. Si el Toallero C mide 6 pies de largo, entonces el Toallero B mide aproximadamente _____ pies de largo y el Toallero A mide aproximadamente _____ pies de largo.

d. ¿Aproximadamente cuántas copias del Toallero A equivalen al largo del Toallero C? Dibuja vínculos numéricos como ayuda.

e. ¿Aproximadamente cuántas copias del Toallero B equivalen a la longitud del Toallero C? Dibuja vínculos numéricos como ayuda.

Lección 13:   Identificar una parte fraccional sombreada en distintas formas según la designación del entero.

EUREKA MATH™

6. Dibuja 3 cuerdas (B, C y D) conforme las siguientes instrucciones. La Cuerda A ya está dibujada como ejemplo.

- La Cuerda B es $\frac{1}{3}$ de la Cuerda A.

- La Cuerda C es $\frac{1}{2}$ de la Cuerda B.

- La Cuerda D es $\frac{1}{3}$ de la Cuerda C.

Extensión: La cuerda E es 5 veces de mayor longitud que la Cuerda D.

Cuerda A ▐▬▬▬▬▬▬▬▬▬▬▬▬▬▬▬▬▬▬▬▬▬▬▬▬▬▬▬▬

EUREKA MATH™

Lección 13: Identificar una parte fraccional sombreada en distintas formas según la designación del entero.

59

Esta página se dejó en blanco intencionalmente

Nombre _____ Fecha _____

1. Dibuja un vínculo numérico para cada unidad fraccionaria. Divide la tira de fracción para mostrar las fracciones unitarias del vínculo numérico. Usa la tira de fracciones para que puedas marcar las fracciones en la recta numérica. Asegúrate de marcar las fracciones en 0 y 1.

a. Medios

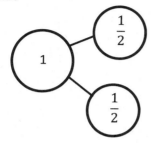
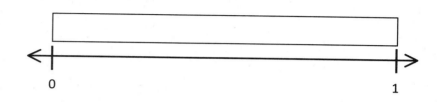

b. Tercios

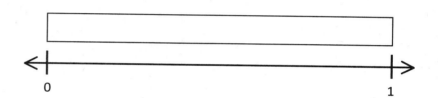

c. Cuartos

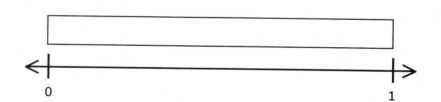

d. Quintos

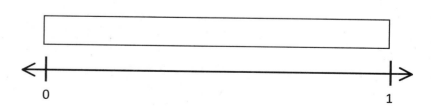

2. Trevor debe dejar salir a su mascota cada cuarto (1 cuarto) de hora para enseñarle a ir al baño. Dibuja e identifica una recta numérica de 0 horas a 1 hora para mostrar cada 1 cuarto de hora. Incluye 0 cuartos y 4 cuartos de hora. Identifica también 0 horas y 1 hora.

3. Un listón mide 1 metro de largo. La Sra. Lee quiere coser una cuenta cada $\frac{1}{5}$ metros. La primera cuenta está a $\frac{1}{5}$ metros. La última cuenta está a 1 metro. Dibuja e identifica una recta numérica de 0 metros a 1 metro para mostrar dónde coserá las cuentas la Sra. Lee. Identifica todas las fracciones incluyendo 0 quintos y 5 quintos. Identifica también 0 metros y 1 metro.

Nombre _____   Fecha _____

1. Dibuja un vínculo numérico para cada unidad fraccionaria. Divide la tira de fracción para mostrar las fracciones unitarias del vínculo numérico. Usa la tira de fracciones para que puedas marcar las fracciones en la recta numérica. Asegúrate de identificar las fracciones en 0 y 1.

   a. Medios

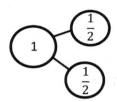
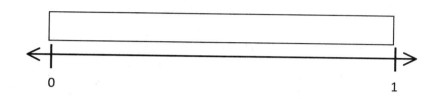

   b. Octavos

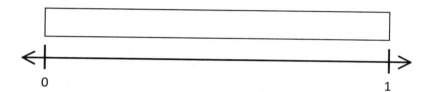

   c. Quintos

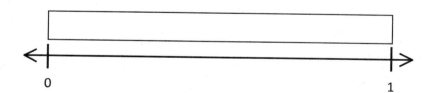

EUREKA MATH™

Lección 14:   Colocar las fracciones en una recta numérica con los extremos 0 y 1.

63

©2017 Great Minds®. eureka-math.org

2. Carter debe envolver 7 regalos. Él estira el listón y dice: "Si hago 6 cortes con el mismo espacio, tendré los trozos suficientes. Puedo usar 1 trozo para cada paquete y no me sobrará nada". ¿Tiene suficientes trozos para envolver todos los regalos?

3. La Sra. Rivera está plantando flores en un masetero rectangular de 1 metro. Ella divide el masetero en secciones de $\frac{1}{9}$ de un metro de longitud y planta 1 semilla en cada sección. Dibuja e identifica una tira de fracción que represente el masetero de 0 metros a 1 metro. Representa cada sección donde la Sra. Rivera plantará una semilla. Identifica todas las fracciones.

   a. ¿Cuántas semillas podrá plantar en 1 masetero?

   b. ¿Cuántas semillas podrá plantar en 4 maseteros?

   c. Dibuja una recta numérica abajo de tu tira de fracción e identifica todas las fracciones.

64   Lección 14:   Colocar las fracciones en una recta numérica con los extremos 0 y 1.

EUREKA MATH

Nombre _____   Fecha _____

1. Calcula para identificar las fracciones proporcionadas en la recta numérica. Asegúrate de identificar las fracciones en 0 y 1. Escribe las fracciones sobre la recta numérica. Dibuja un vínculo numérico que coincida con tu recta numérica.

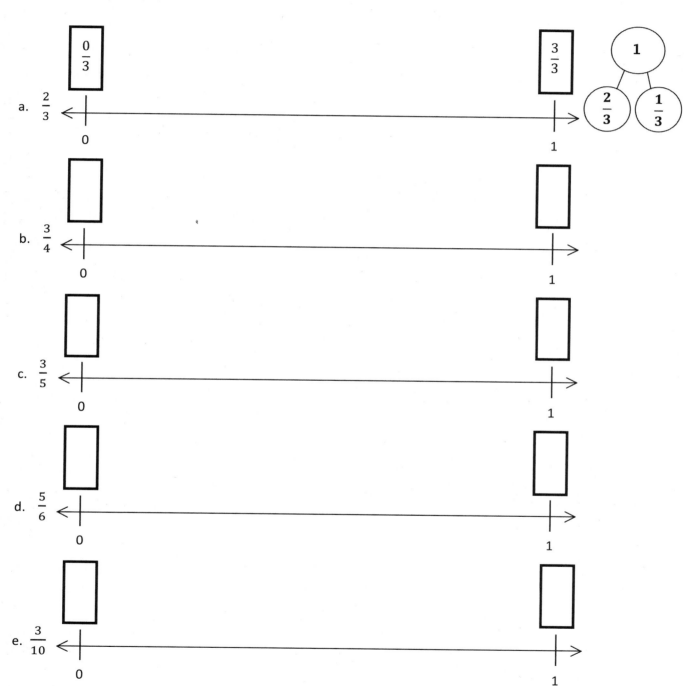

EUREKA MATH™

Lección 15:   Colocar cualquier fracción en una recta numérica con los extremos
0 y 1.

65

©2017 Great Minds®. eureka-math.org

2. Dibuja una recta numérica. Usa una tira de fracción para colocar el 0 y el 1. Dobla la tira para hacer 8 partes iguales. Usa la tira para medir y marcar tu recta numérica con octavos.

    Cuenta de forma progresiva de 0 a 8 octavos en tu recta numérica. Toca cada número con el dedo conforme vas contando.

3. Para su bote, Jaime estiró una cuerda con 5 nudos con espacios iguales entre sí como se puede ver.

    a. Comenzando con el primer nudo y terminando con el último, ¿cuántas partes iguales se forman por los 5 nudos? Identifica cada fracción en el nudo.

    b. ¿Cuál fracción de la cuerda está identificada en el tercer nudo?

    c. ¿Qué tal si la cuerda tuviese 6 nudos con espacios iguales a lo largo de la misma longitud? ¿Cuál fracción de la cuerda se mediría por los primeros 2 nudos?

Lección 15:   Colocar cualquier fracción en una recta numérica con los extremos 0 y 1.

EUREKA MATH™

Nombre _____ Fecha _____

1. Calcula para identificar las fracciones proporcionadas en la recta numérica. Asegúrate de identificar las fracciones en 0 y 1. Escribe las fracciones sobre la recta numérica. Dibuja un vínculo numérico que coincida con tu recta numérica. El primer ejercicio ya está resuelto.

a. $\frac{1}{3}$

b. $\frac{3}{6}$

c. $\frac{2}{5}$

d. $\frac{7}{10}$

e. $\frac{3}{7}$

EUREKA MATH™

Lección 15:   Colocar cualquier fracción en una recta numérica con los extremos 0 y 1.

67

©2017 Great Minds®. eureka-math.org

2. Enrique tiene 5 monedas de 10 centavos. Ben tiene 9 monedas de 10 centavos. Tina tiene 2 monedas de 10 centavos.

   a. Escribe el valor del dinero de cada uno como una fracción de un dólar:

      Enrique:

      Ben:

      Tina:

   b. Calcula para colocar cada fracción en la recta numérica.

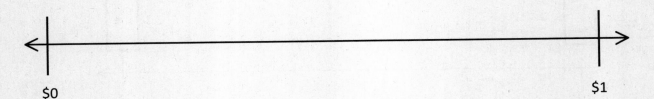

   $0 $1

3. Dibuja una recta numérica. Usa una tira de fracción para colocar el 0 y el 1. Dobla la tira para hacer 8 partes iguales.

   a. Usa la tira para medir e identificar tu recta numérica con octavos.

   b. Cuenta de forma progresiva de 0 a 8 octavos en tu recta numérica. Toca cada número con el dedo conforme vas contando.

EUREKA MATH™

Nombre _____ Fecha _____

1. Calcula para dividir en partes iguales e identifica las fracciones en la recta numérica. Identifica los enteros como fracciones y enciérralos en un cuadro. El primer ejercicio ya está resuelto.

a. medios
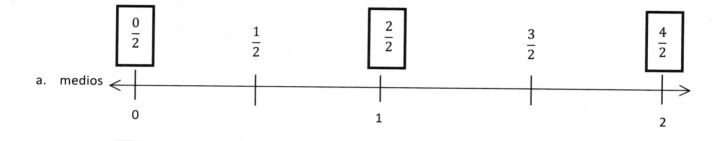

b. tercios

c. medios

d. cuartos

e. tercios

EUREKA MATH™

Lección 16: Colocar las fracciones de números enteros y las fracciones entre números enteros en la recta numérica.

69

©2017 Great Minds®. eureka-math.org

2. Divide cada entero en quintos. Identifica cada fracción. Cuenta hacia adelante mientras lo haces. Encierra en un cuadro las fracciones que se ubican en los mismos puntos que los números enteros.

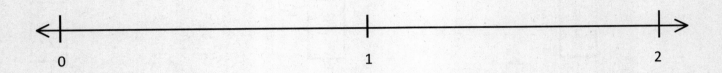

0   1   2

3. Divide cada entero en tercios. Identifica cada fracción. Cuenta hacia adelante mientras lo haces. Encierra en un cuadro las fracciones que se ubican en los mismos puntos que los números enteros.

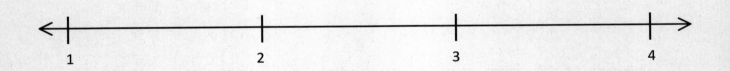

1   2   3   4

4. Dibuja una recta numérica con 0 y 3 a los extremos. Identifica los enteros. Divide cada entero en cuartos. Marca todas las fracciones de 0 a 3. Encierra en un cuadro las fracciones que se ubican en los mismos puntos que los números enteros. Usa una hoja aparte si necesitas más espacio.

EUREKA MATH™

Nombre _____ Fecha _____

1. Calcula para dividir en partes iguales e identifica las fracciones en la recta numérica. Identifica los enteros como fracciones y enciérralos en un cuadro. El primer ejercicio ya está resuelto.

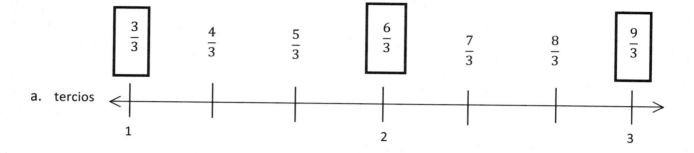

a. tercios

b. octavos

c. cuartos

d. medios

e. quintos

Lección 16:   Colocar las fracciones de números enteros y las fracciones entre
números enteros en la recta numérica.

71

EUREKA MATH™

©2017 Great Minds®. eureka-math.org

2. Divide cada entero en cuartos. Identifica cada fracción. Cuenta hacia adelante mientras lo haces. Encierra en un cuadro las fracciones que se ubican en los mismos puntos que los números enteros.

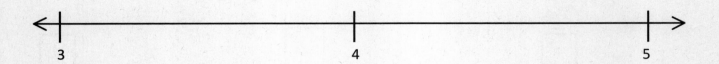

3. Divide cada entero en medios. Identifica cada fracción. Cuenta hacia adelante mientras lo haces. Encierra en un cuadro las fracciones que se ubican en los mismos puntos que los números enteros.

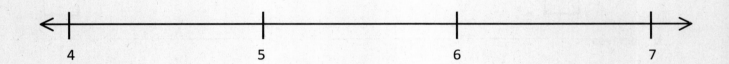

4. Dibuja una recta numérica con 0 y 3 a los extremos. Identifica los enteros. Divide cada entero en quintos. Marca todas las fracciones de 0 a 3. Encierra en un cuadro las fracciones que se ubican en los mismos puntos que los números enteros. Usa una hoja aparte si necesitas más espacio.

Lección 16:   Colocar las fracciones de números enteros y las fracciones entre números enteros en la recta numérica.

EUREKA MATH™

Nombre _____   Fecha _____

1. Encuentra e identifica las siguientes fracciones en la recta numérica.

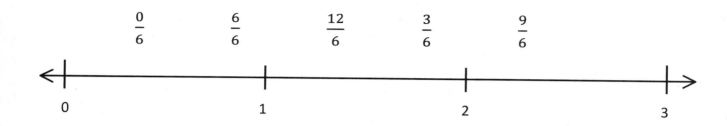

$$\frac{0}{6} \qquad \frac{6}{6} \qquad \frac{12}{6} \qquad \frac{3}{6} \qquad \frac{9}{6}$$

2. Encuentra e identifica las siguientes fracciones en la recta numérica.

$$\frac{8}{4} \qquad \frac{6}{4} \qquad \frac{12}{4} \qquad \frac{16}{4} \qquad \frac{4}{4}$$

3. Encuentra e identifica las siguientes fracciones en la recta numérica.

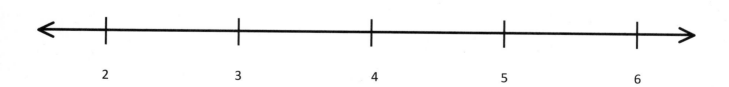

$$\frac{18}{3} \qquad \frac{14}{3} \qquad \frac{9}{3} \qquad \frac{11}{3} \qquad \frac{6}{3}$$

4. Para un proyecto de medidas en la clase de matemáticas, los estudiantes midieron las longitudes de sus

dedos meñiques. El de Alex midió 2 pulgadas de largo. El dedo meñique de Jeremías midió $\frac{7}{4}$ pulgadas de largo. ¿Quién tiene el dedo más largo? Dibuja una recta numérica para demostrar tu respuesta.

5. Marcy corrió 4 kilómetros después de la escuela. Ella se detuvo para atarse los cordones en el kilómetro $\frac{7}{5}$. Después, se detuvo para cambiar las canciones de su iPod en el kilómetro $\frac{12}{5}$. Dibuja una recta numérica en la que muestres el recorrido de Marcy. Incluye sus puntos inicial y final y los 2 sitios en los que se detuvo.

EUREKA
MATH™

Nombre _____   Fecha _____

1. Encuentra e identifica las siguientes fracciones en la recta numérica.

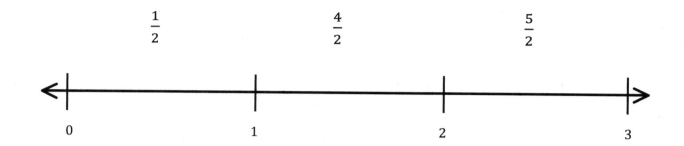

2. Encuentra e identifica las siguientes fracciones en la recta numérica.

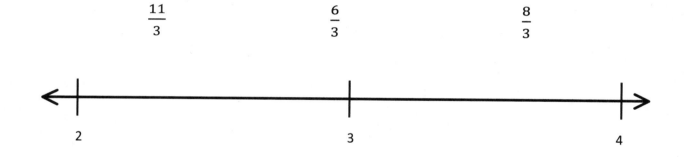

3. Encuentra e identifica las siguientes fracciones en la recta numérica.

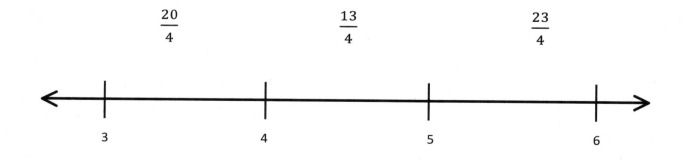

4. Wayne hizo una excursión de 4 kilómetros. Se detuvo para tomar un descanso en el $\frac{4}{3}$ kilómetro. Bebió agua en el $\frac{10}{3}$ kilómetro. Muestra la excursión de Wayne en la recta numérica. Incluye su punto de inicio y final, así como los 2 puntos en los que se detuvo.

5. Ali quiere comprar un piano. El piano mide $\frac{19}{4}$ pies de largo. Ella tiene en su casa un espacio de 5 pies de largo para el piano. ¿Tiene suficiente espacio? Dibuja una recta numérica para mostrar y explicar tu respuesta.

4 ft   5 ft

EUREKA MATH

Nombre _____ Fecha _____

Coloca las dos fracciones en la recta numérica. Encierra en un círculo la fracción con la distancia más cercana a 0. Después compara usando >, <, o =. El primer ejemplo está resuelto.

1. $\frac{1}{4}$ < $\frac{3}{4}$

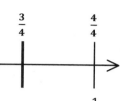

2. $\frac{2}{6}$ ◯ $\frac{3}{6}$

3. $\frac{1}{2}$ ◯ $\frac{1}{4}$

4. $\frac{2}{3}$ ◯ $\frac{2}{6}$

5. $\frac{11}{8}$ ◯ $\frac{7}{4}$

Lección 18: Comparar fracciones y números enteros en la recta numérica al analizar su distancia del 0.

77

6. JoAnn y Lupe viven a solo unas calles de la escuela. JoAnn camina $\frac{5}{6}$ millas y Lupe camina $\frac{7}{8}$ millas de la escuela a la casa todos los días. Dibuja una recta numérica para representar qué distancia camina cada chica. ¿Cuál camina menos? Explica cómo lo sabes usando imágenes, números y palabras.

7. Cheryl recorta 2 pedazos de hilo. El hilo azul mide $\frac{5}{4}$ metros de largo. El hilo rojo mide $\frac{4}{5}$ metros de largo. Dibuja una recta numérica para representar el largo de cada pieza de hilo. ¿Cuál pieza de hilo es más corta? Explica cómo lo sabes usando imágenes, números y palabras.

8. Brandon hace espagueti hecho en casa. Él mide 3 tallarines. Uno mide $\frac{7}{8}$ pies, el segundo mide $\frac{7}{4}$ pies y el tercero mide $\frac{4}{2}$ pies de largo. Dibuja una recta numérica para representar el largo de cada pieza de espagueti. Escribe un enunciado numérico usando <, >, o = para comparar las piezas. Explica usando imágenes, números y palabras.

EUREKA
MATH™

Nombre _____ Fecha _____

Coloca las dos fracciones en la recta numérica. Encierra en un círculo la fracción con la distancia más cercana a 0. Después compara usando >, <, o =.

1. $\frac{1}{3}$ ◯ $\frac{2}{3}$

2. $\frac{4}{6}$ ◯ $\frac{1}{6}$

3. $\frac{1}{4}$ ◯ $\frac{1}{8}$

4. $\frac{4}{5}$ ◯ $\frac{4}{10}$

5. $\frac{8}{6}$ ◯ $\frac{5}{3}$

EUREKA MATH™

Lección 18: Comparar fracciones y números enteros en la recta numérica al analizar su distancia del 0.

79

©2017 Great Minds®. eureka-math.org

6. Liz y Jay tienen un trozo de cuerda cada uno. La cuerda de Liz mide $\frac{4}{6}$ yardas de largo y la cuerda de Jay mide $\frac{5}{7}$ yardas de largo. ¿Cuál cuerda es más larga? Dibuja una recta numérica para representar la longitud de ambas cuerdas. Explica la comparación usando imágenes, números y palabras.

7. En una competencia de salto de longitud, Wendy saltó $\frac{9}{10}$ metros y Judy saltó $\frac{10}{9}$ metros. Dibuja una recta numérica para representar la distancia del salto largo de cada chica. ¿Quién saltó la distancia más corta? Explica cómo lo sabes usando imágenes, números y palabras.

8. Nikky tiene 3 trozos de estambre. El primer trozo mide $\frac{5}{6}$ pies de largo, la segunda pieza mide $\frac{5}{3}$ pies de largo y la tercera pieza mide $\frac{3}{2}$ pies de largo. Ella quiere ordenarlos del más corto al más largo. Dibuja una recta numérica para representar la longitud de cada trozo de estambre. Escribe un enunciado numérico usando <, >, o = para comparar las piezas. Explica usando imágenes, números y palabras.

Lección 18:   Comparar fracciones y números enteros en la recta numérica al analizar su distancia del 0.

EUREKA MATH™

Nombre _____ Fecha _____

1. Divide cada recta numérica en la unidad fraccionaria proporcionada. Después coloca las fracciones. Escribe cada entero como una fracción.

   a. medios $\frac{3}{2}$ $\frac{5}{2}$ $\frac{4}{2}$

   b. cuartos $\frac{9}{4}$ $\frac{11}{4}$ $\frac{6}{4}$

   c. octavos $\frac{24}{8}$ $\frac{19}{8}$ $\frac{16}{8}$

2. Usa las rectas numéricas anteriores para comparar las siguientes fracciones usando >, <, o =.

   $\frac{6}{4}$ ◯ $\frac{9}{4}$ $\frac{3}{2}$ ◯ $\frac{5}{2}$ $\frac{19}{8}$ ◯ $\frac{16}{8}$

   $\frac{16}{8}$ ◯ $\frac{3}{2}$ $\frac{9}{4}$ ◯ $\frac{19}{8}$ $\frac{4}{2}$ ◯ $\frac{16}{8}$

   $\frac{6}{4}$ ◯ $\frac{16}{8}$ $\frac{5}{2}$ ◯ $\frac{9}{4}$ $\frac{24}{8}$ ◯ $\frac{11}{4}$

3. Elije una comparación de *mayor que* hecha para el Problema 2. Usa imágenes, números y palabras para explicar cómo hiciste la comparación.

4. Elije una comparación de *menor que* hecha para el Problema 2. Usa imágenes, números y palabras para explicar una forma distinta de pensar sobre la comparación que escribiste para el Problema 3.

5. Elije una comparación de *igual a* hecha para el Problema 2. Usa imágenes, números y palabras para explicar dos formas en las que puedes demostrar que tu comparación es cierta.

Lección 19:   Comprender la distancia y posición en la recta numérica como estrategias para comparar fracciones. (Opcional)

EUREKA MATH™

Nombre _____ Fecha _____

1. Divide cada recta numérica en la unidad fraccionaria proporcionada. Después coloca las fracciones. Escribe cada entero como una fracción.

    a. tercios $\frac{6}{3}$ $\frac{5}{3}$ $\frac{8}{3}$

    b. sextos $\frac{10}{6}$ $\frac{18}{6}$ $\frac{15}{6}$

    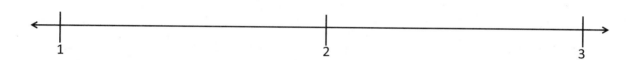

    c. quintos $\frac{14}{5}$ $\frac{7}{5}$ $\frac{11}{5}$

    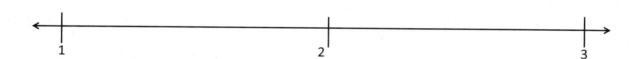

2. Usa las rectas numéricas anteriores para comparar las siguientes fracciones usando >, <, o =.

$\frac{17}{6}$ ◯ $\frac{15}{6}$	$\frac{7}{3}$ ◯ $\frac{9}{3}$	$\frac{11}{5}$ ◯ $\frac{8}{5}$
$\frac{4}{3}$ ◯ $\frac{8}{6}$	$\frac{13}{6}$ ◯ $\frac{8}{3}$	$\frac{11}{6}$ ◯ $\frac{5}{3}$
$\frac{10}{6}$ ◯ $\frac{3}{3}$	$\frac{6}{3}$ ◯ $\frac{12}{6}$	$\frac{15}{5}$ ◯ $\frac{5}{3}$

EUREKA MATH

Lección 19: Comprender la distancia y posición en la recta numérica como estrategias para comparar fracciones. (Opcional)

83

©2017 Great Minds®. eureka-math.org

3. Usa fracciones de las rectas numéricas en el Problema 1. Completa el enunciado. Utiliza palabras, imágenes o números para explicar cómo hiciste la comparación.

    _____ *es mayor que* _____.

4. Usa fracciones de las rectas numéricas en el Problema 1. Completa el enunciado. Utiliza palabras, imágenes o números para explicar cómo hiciste la comparación.

    _____ *es menor que* _____.

5. Usa fracciones de las rectas numéricas en el Problema 1. Completa el enunciado. Utiliza palabras, imágenes o números para explicar cómo hiciste la comparación.

    _____ *es igual a* _____.

Lección 19: Comprender la distancia y posición en la recta numérica como estrategias para comparar fracciones. (Opcional)

EUREKA MATH™

Nombre _____ Fecha _____

1. Identifica cuál fracción de cada figura está sombreada. Después, encierra en un círculo las fracciones que son iguales.

   a.

   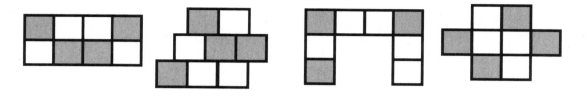

   b.

   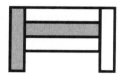 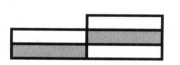

   c.

   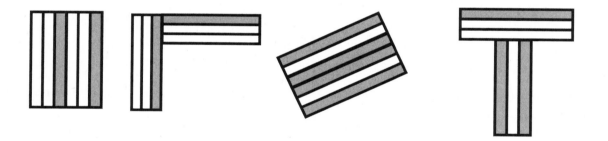

2. Identifica la fracción sombreada. Dibuja 2 representaciones diferentes de la misma cantidad fraccionaria.

   a.

   b.

   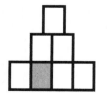

3. Ann tiene 6 cuadrados de papel pequeños. 2 cuadrados son grises. Ann corta 2 cuadrados grises a la mitad con una línea diagonal que va de una esquina a la otra.

a. ¿Qué figuras tiene ahora?

b. ¿Cuántos tiene de cada figura?

c. Usa todas las figuras sin superposiciones. Dibuja al menos 2 formas diferentes de cómo podría verse el conjunto de figuras de Ann. ¿Qué fracción de la figura es gris?

4. Laura tiene 2 vasos de precipitado diferentes con capacidad de 1 litro exactamente. Ella vierte $\frac{1}{2}$ litros de líquido azul en el Vaso de precipitado A y vierte $\frac{1}{2}$ litros de líquido naranja en el Vaso de precipitado B. Susana dice que las cantidades no son iguales. Cristina dice que lo son. Explica quién crees que tiene la razón y por qué.

A   B

Lección 20:   Reconocer y mostrar que las fracciones equivalentes son del mismo tamaño, aunque no necesariamente de la misma forma.

Nombre _____ Fecha _____

1. Identifica la fracción sombreada. Dibuja 2 representaciones diferentes de la misma cantidad fraccionaria.

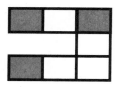

2. Estas dos figuras muestran ambas $\frac{4}{5}$.

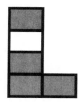 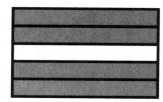

   a. ¿Son las figuras equivalentes? ¿Por qué sí o por qué no?

   b. Dibuja dos representaciones diferentes de $\frac{4}{5}$ que sean equivalentes.

3. Diana corrió un cuarto de milla a lo largo de la calle. Becky corrió un cuarto de milla en una pista. ¿Quién corrió más? Explica tu razonamiento.

   Diana _____

   Becky

EUREKA MATH™

Lección 20:   Reconocer y mostrar que las fracciones equivalentes son del mismo tamaño, aunque no necesariamente de la misma forma.

87

©2017 Great Minds®. eureka-math.org

Esta página se dejó en blanco intencionalmente

Nombre _____   Fecha _____

1. Usa las unidades fraccionarias a la izquierda para contar hacia adelante en la recta numérica. Identifica las fracciones faltantes en los espacios en blanco.

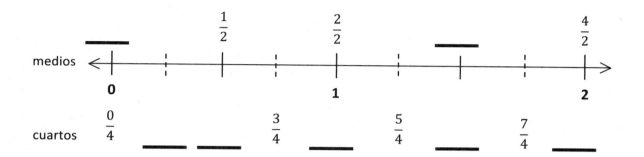

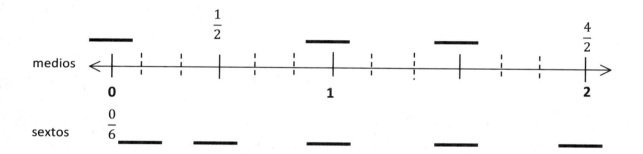

2. Usa las rectas numéricas de arriba para:

    ▪ Pintar de color azul las fracciones equivalentes a 1 medio.

    ▪ Pintar de color amarillo las fracciones equivalentes a 1.

    ▪ Pintar de color verde las fracciones equivalentes a 3 medios.

    ▪ Pintar de color rojo las fracciones equivalentes a 2.

3. Usa las rectas numéricas de arriba para convertir los enunciados numéricos en verdaderos.

$$\frac{2}{4} = \frac{}{6} \qquad \frac{6}{6} = \frac{2}{} = \frac{}{} \qquad \frac{3}{2} = \frac{}{6} = \frac{6}{}$$

EUREKA MATH™   Lección 21:   Reconocer y mostrar que las fracciones equivalentes se refieren al mismo punto en la recta numérica.   89

©2017 Great Minds®. eureka-math.org

4. Jack y Jill usan pluviómetros del mismo tamaño y forma para medir la lluvia en la cima de una colina. Jack usa un pluviómetro marcado en cuartos de pulgada. El pluviómetro de Jill mide la lluvia en octavos de pulgada. El jueves, el pluviómetro de Jack midió $\frac{2}{4}$ pulgadas de lluvia. Ambos tenían la misma cantidad de agua, ¿entonces cuál fue la lectura del pluviómetro de Jill el jueves? Dibuja una recta numérica para explicar tu razonamiento.

5. Rosco, el hermano menor de Jack y Jill también tenía un pluviómetro de la misma forma y tamaño en la misma colina. Él le dijo a Jack y a Jill que había tenido $\frac{1}{2}$ de pulgadas de lluvia el jueves. ¿Tiene razón? ¿Por qué sí o por qué no? Usa palabras y una recta numérica para explicar tu respuesta.

Lección 21:   Reconocer y mostrar que las fracciones equivalentes se refieren al mismo punto en la recta numérica.

EUREKA MATH

Nombre _____   Fecha _____

1. Usa las unidades fraccionarias a la izquierda para contar hacia adelante en la recta numérica. Identifica las fracciones faltantes en los espacios en blanco.

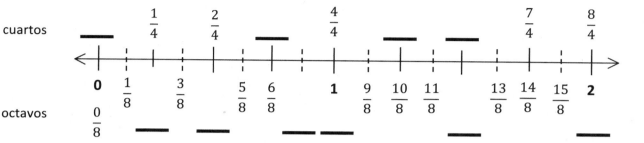

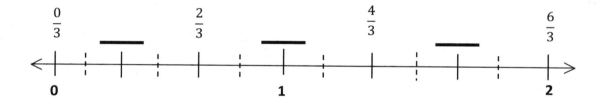

2. Usa las rectas numéricas de arriba para:

    ▪ Pintar de color morado las fracciones equivalentes a 1.

    ▪ Pintar de color amarillo las fracciones equivalentes a 2 cuartos.

    ▪ Pintar de color azul las fracciones equivalentes a 2.

    ▪ Pintar de color azul las fracciones equivalentes a 5 tercios.

    ▪ Escribe un par de fracciones equivalentes.

    _____ = _____

EUREKA MATH™   Lección 21:   Reconocer y mostrar que las fracciones equivalentes se refieren al   91
                                    mismo punto en la recta numérica.

©2017 Great Minds®. eureka-math.org

3. Usa las rectas numéricas de la página anterior para convertir los enunciados numéricos en verdaderos.

$$\frac{1}{4} = \frac{}{8} \qquad \frac{6}{4} = \frac{12}{} \qquad \frac{2}{3} = \frac{}{6}$$

$$\frac{6}{3} = \frac{12}{} \qquad \frac{3}{3} = \frac{}{6} \qquad 2 = \frac{8}{4} = \frac{}{8}$$

Lección 21: Reconocer y mostrar que las fracciones equivalentes se refieren al mismo punto en la recta numérica.

EUREKA MATH™

Nombre _____   Fecha _____

1. Escribe la fracción sombreada de cada figura en el espacio en blanco. Después, dibuja una línea para relacionar las fracciones equivalentes.

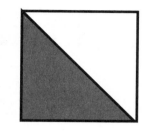   _____

_____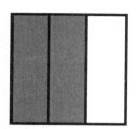

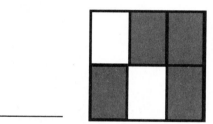   _____

_____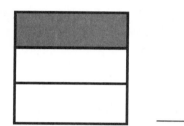

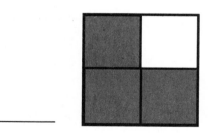   _____

_____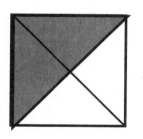

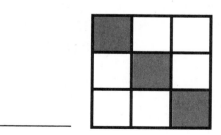   _____

_____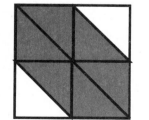

2. Escribe las partes faltantes de las fracciones.

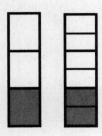   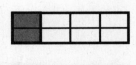   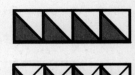

$$\frac{1}{3} = \frac{}{6}$$ $$\frac{2}{} = \frac{1}{4}$$ $$\frac{4}{8} = \frac{8}{}$$

3. ¿Por qué son necesarias 2 copias de $\frac{1}{8}$ para mostrar la misma cantidad que 1 copia de $\frac{1}{4}$? Justifica tu respuesta con palabras e imágenes.

4. ¿Cuántos sextos son necesarios para llegar a la misma cantidad que $\frac{1}{3}$? Justifica tu respuesta con palabras e imágenes.

5. ¿Por qué son necesarias 10 copias de 1 sexto para mostrar la misma cantidad que 5 copias de 1 tercio? Justifica tu respuesta con palabras e imágenes.

Lección 22: Crear fracciones equivalentes simples usando modelos visuales de fracciones y la recta numérica.

EUREKA MATH™

Nombre _____ Fecha _____

1. Escribe la fracción sombreada de cada figura en el espacio en blanco. Después, dibuja una línea para relacionar las fracciones equivalentes.

EUREKA MATH

Lección 22: Crear fracciones equivalentes simples usando modelos visuales de fracciones y la recta numérica.

95

©2017 Great Minds®. eureka-math.org

2. Completa las fracciones para hacer enunciados verdaderos.

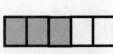
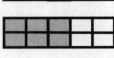

$$\frac{1}{2} = \frac{4}{}$$

$$\frac{3}{5} = \frac{}{10}$$

$$\frac{3}{9} = \frac{6}{}$$

3. ¿Por qué son necesarias 3 copias de $\frac{1}{6}$ para mostrar la misma cantidad que 1 copia de $\frac{1}{2}$? Justifica tu respuesta con palabras e imágenes.

4. ¿Cuántos novenos son necesarios para llegar a la misma cantidad que $\frac{1}{3}$? Justifica tu respuesta con palabras e imágenes.

5. Un pastel se cortó en 8 trozos iguales. Si Rubén se comió $\frac{3}{4}$ del pastel, ¿cuántos trozos se comió? Explica tu respuesta usando palabras y la recta numérica.

EUREKA MATH™

Nombre _____   Fecha _____

0   1   2   3

1. En la recta numérica arriba, usa un lápiz de color rojo para dividir cada entero en cuartos e identifica cada fracción encima de la línea. Usa una tira de fracción para calcular de ser necesario.

2. En la recta numérica de arriba, usa un lápiz de color azul para dividir cada entero en octavos e identifica cada fracción abajo de la línea. Vuelve a doblar tu tira de fracción del Problema 1 como ayuda para calcular.

3. Enumera las fracciones que nombran el mismo lugar en la recta numérica.

4. Con la recta numérica como ayuda, ¿cuál fracción roja y cuál fracción azul serían iguales a $\frac{7}{2}$? Dibuja a continuación la parte de la recta numérica que incluiría estas fracciones abajo e identifícala.

EUREKA MATH™

Lección 23:   Crear fracciones equivalentes simples usando modelos visuales de fracciones y la recta numérica.

97

©2017 Great Minds®. eureka-math.org

5. ¿Escribe dos fracciones distintas para el punto en la recta numérica? Puedes usar medios, tercios, cuartos, quintos, sextos u octavos. De ser necesario, usa tiras de fracción como ayuda.

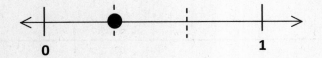

_____ = _____

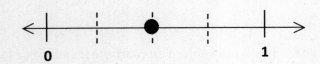

_____ = _____

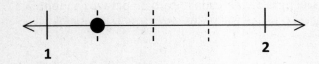

_____ = _____

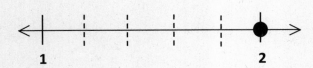

_____ = _____

6. Cameron y Terrance están planeando correr en la carrera de la ciudad el sábado. Cameron ha decidido que va a dividir su carrera en 3 partes iguales y se detendrá a descansar después de correr 2 partes. Terrance divide su carrera en 6 partes iguales y se detendrá a descansar después de correr 2 partes. ¿Los chicos descansarán en el mismo punto de la carrera? ¿Por qué sí o por qué no? Dibuja una recta numérica para explicar tu respuesta.

Lección 23: Crear fracciones equivalentes simples usando modelos visuales de fracciones y la recta numérica.

EUREKA MATH™

Nombre _____   Fecha _____

1. En la recta numérica arriba, usa un lápiz de color para dividir cada entero en tercios e identifica cada fracción encima de la línea.

2. En la recta numérica de arriba, usa un lápiz de otro color para dividir cada entero en sextos e identifica cada fracción abajo de la línea.

3. Escribe las fracciones que nombran el mismo lugar en la recta numérica.

4. Con tu recta numérica como ayuda, nombra la fracción equivalente a $\frac{20}{6}$. Nombra la fracción equivalente a $\frac{12}{3}$. Dibuja la parte de la recta numérica que incluiría estas fracciones abajo e identifícala.

$$\frac{20}{6} = \frac{}{3}$$ $$\frac{12}{3} = \frac{}{6}$$

EUREKA MATH™   Lección 23:   Crear fracciones equivalentes simples usando modelos visuales de fracciones y la recta numérica.   99

©2017 Great Minds®. eureka-math.org

5. Escribe dos nombres de fracción distintos para el punto en la recta numérica. Puedes usar medios, tercios, cuartos, quintos, sextos, octavos o décimos.

_____ = _____

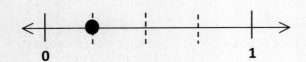

_____ = _____

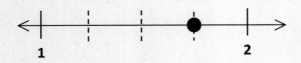

_____ = _____

_____ = _____

6. Danielle y Mandy pidieron una pizza grande para cada una. La pizza de Danielle estaba cortada en sextos y la pizza de Mandy estaba cortada en doceavos. Danielle se comió 2 sextos de su pizza. ¿Cuántas porciones de pizza deberá comer Mandy si quiere comer la misma cantidad de pizza que Danielle? Escribe la respuesta como fracción. Dibuja una recta numérica para explicar tu respuesta.

Lección 23:   Crear fracciones equivalentes simples usando modelos visuales de fracciones y la recta numérica.

EUREKA MATH™

Nombre _____   Fecha _____

1. Completa el vínculo numérico tal como lo indica la unidad fraccionaria. Divide la recta numérica en la unidad fraccionaria determinada e identifica las fracciones. Vuelve a nombrar el 0 y el 1 como fracciones de la unidad determinada. El primer ejercicio ya está resuelto.

Medios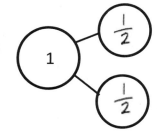

Tercios

Cuartos

Quintos

EUREKA MATH   **Lección 24:**   Expresar los números enteros como fracciones y reconocer la equivalencia con diferentes unidades.   **101**

©2017 Great Minds®. eureka-math.org

2. Encierra en un círculo todas las fracciones en el Problema 1 que equivalen a 1. Escríbelas en un enunciado numérico abajo.

$\frac{2}{2} =$ _____ = _____ = _____

3. ¿Qué patrón observas en las fracciones equivalentes a 1?

4. Taylor llevó a su hermanito a comer pizza. Cada muchacho pidió una pizza pequeña. La pizza de Taylor se cortó en cuartos y la de su hermano se cortó en tercios. Después que ambos habían comido toda su pizza, el hermanito de Taylor dijo: "¡Ey! ¡Eso no es justo! ¡Te dieron más que a mí! A ti te dieron 4 piezas y a mí sólo 3!".

¿Debería estar enojado el hermanito de Taylor? ¿Qué podrías decir para explicarle la situación? Usa palabras, imágenes o una recta numérica.

102   Lección 24:   Expresar los números enteros como fracciones y reconocer la
                                equivalencia con diferentes unidades.

EUREKA
MATH

Nombre _____ Fecha _____

1. Completa el vínculo numérico tal como lo indica la unidad fraccionaria. Divide la recta numérica en la unidad fraccionaria determinada e identifica las fracciones. Vuelve a nombrar el 0 y el 1 como fracciones de la unidad determinada.

Quintos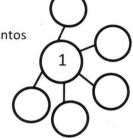

Sextos

Séptimos

Octavos

EUREKA MATH™

Lección 24:   Expresar los números enteros como fracciones y reconocer la equivalencia con diferentes unidades.

103

2. Encierra en un círculo todas las fracciones en el Problema 1 que equivalen a 1. Escríbelas en un enunciado numérico abajo.

$\frac{5}{5}$ = _____ = _____ = _____

3. ¿Qué patrón observas en las fracciones equivalentes a 1? Siguiendo este patrón, ¿cómo representarías los novenos como 1 entero?

4. En la clase de Arte, el Sr. Joselyn les dio a todos una vara de 1 pie para medir y cortar. Vivian midió y cortó su vara en 5 partes iguales. Scott midió y cortó la suya en 7 piezas iguales. Scott le dijo a Vivian: "La longitud total de mi vara es más larga que la tuya porque yo tengo 7 piezas y tú sólo tienes 5". ¿Tiene Scott la razón? Usa palabras, imágenes o una recta numérica para ayudarte a explicar.

Lección 24: Expresar los números enteros como fracciones y reconocer la equivalencia con diferentes unidades.

EUREKA MATH

Nombre _____   Fecha _____

1. Identifica los siguientes modelos como una fracción dentro del recuadro punteado. El primer ejercicio ya está resuelto.

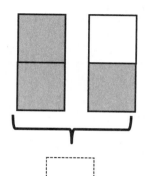

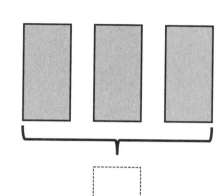

$$\frac{3}{3}$$

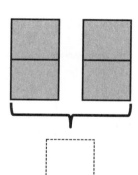

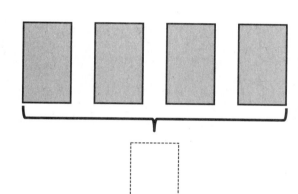

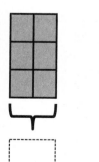

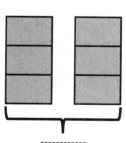

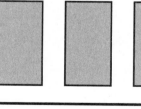

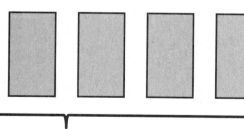

Lección 25:   Expresar las fracciones de números enteros en la recta numérica
cuando el intervalo de la unidad es 1.

105

©2017 Great Minds®. eureka-math.org

2. Escribe los números enteros que faltan en los recuadros debajo de la recta numérica. Vuelve a nombrar los números enteros como fracciones en los recuadros encima de la recta numérica.

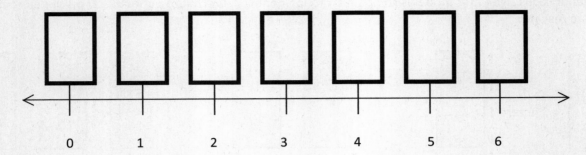

0   1   2   3   4   5   6

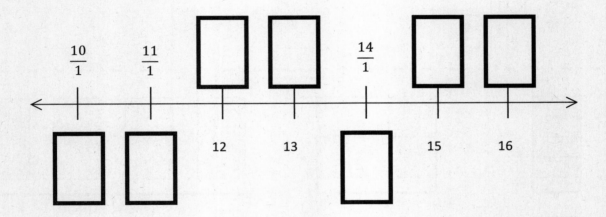

3. Explica la diferencia entre estas dos fracciones con palabras e imágenes.

$$\frac{2}{1} \qquad \frac{2}{2}$$

Lección 25:   Expresar las fracciones de números enteros en la recta numérica cuando el intervalo de la unidad es 1.

EUREKA MATH

Nombre _____   Fecha _____

1. Identifica los siguientes modelos como fracciones dentro de los recuadros.

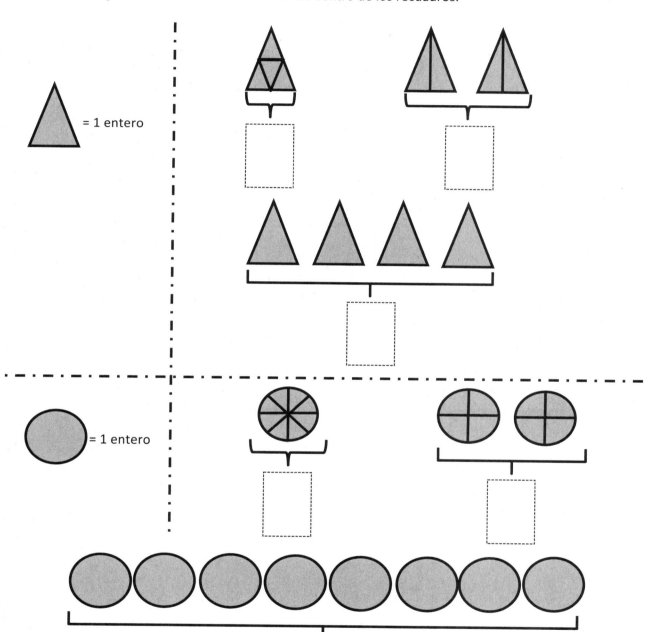

EUREKA
MATH™

Lección 25:   Expresar las fracciones de números enteros en la recta numérica
cuando el intervalo de la unidad es 1.

107

©2017 Great Minds®. eureka-math.org

2. Escribe los números enteros que faltan en los recuadros debajo de la recta numérica. Vuelve a nombrar los enteros como fracciones en los recuadros encima de la recta numérica.

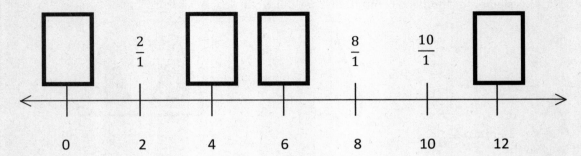

3. Explica la diferencia entre estas fracciones con palabras e imágenes.

$$\frac{5}{1} \qquad \frac{5}{5}$$

Lección 25:   Expresar las fracciones de números enteros en la recta numérica cuando el intervalo de la unidad es 1.

EUREKA MATH

3 enteros

Lección 25:   Expresar las fracciones de números enteros en la recta numérica
cuando el intervalo de la unidad es 1.

109

©2017 Great Minds®. eureka-math.org

Esta página se dejó en blanco intencionalmente

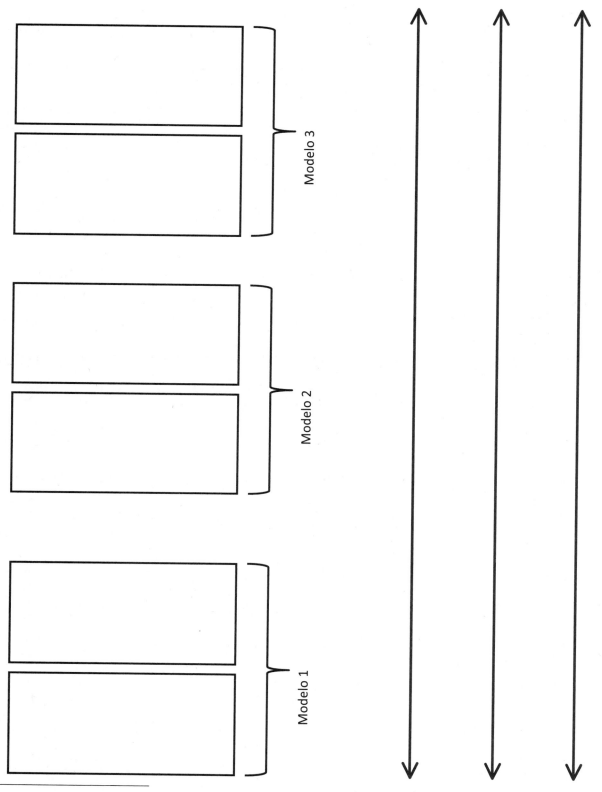

Modelo 3

Modelo 2

Modelo 1

6 enteros

Lección 25:   Expresar las fracciones de números enteros en la recta numérica
cuando el intervalo de la unidad es 1.

111

©2017 Great Minds®. eureka-math.org

Esta página se dejó en blanco intencionalmente

Nombre _____ Fecha _____

1. Divide la recta numérica para mostrar las unidades fraccionarias. Después, dibuja vínculos numéricos usando copias de 1 entero para los números enteros encerrados en un círculo.

Medios $\frac{1}{4}$

0   1   2

0 = _____ medios   1 = _____ medios   2 = _____ medos

$0 = \dfrac{}{2}$ $1 = \dfrac{}{2}$ $2 = \dfrac{4}{2}$

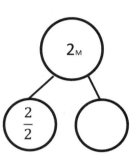

Tercio

2   3   4

2 = _____ tercios   3 = _____ tercios   4 = _____ tercios

$2 = \dfrac{}{3}$ $3 = \dfrac{}{3}$ $4 = \dfrac{}{3}$

EUREKA MATH™

Lección 26:   Descomponer fracciones de números enteros mayores que 1 usando
              equivalencias de números enteros con diferentes modelos

113

©2017 Great Minds®. eureka-math.org

2. Escribe las fracciones que nombran los números enteros para cada unidad fraccionaria. El primer ejemplo ya está resuelto.

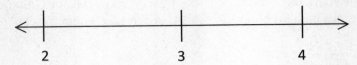

Medios	$\frac{4}{2}$	$\frac{6}{2}$	$\frac{8}{2}$
Tercios			
Cuartos			
Sextos			

3. Sammy usa $\frac{1}{4}$ metros de cable cada día para hacer cosas.

    a. Dibuja una recta numérica para representar 1 metro de cable. Divide la recta numérica para representar cuánto usa Sammy cada día. ¿Cuántos días dura el cable?

    b. ¿Cuántos días durarán 3 metros de cable?

4. Cindy le da $\frac{1}{3}$ libras de comida a su perro cada día.

    a. Dibuja una recta numérica para representar 1 libra de comida. Divide la recta numérica para representar cuánta comida usa ella cada día.

    b. Dibuja otra recta numérica para representar 4 libras de comida. Después de 3 días, ¿cuántas libras de comida le ha dado a su perro?

    c. Después de 6 días, ¿cuántas libras de comida le ha dado a su perro?

EUREKA
MATH™

Nombre _____   Fecha _____

1. Divide la recta numérica para mostrar las unidades fraccionarias. Después, dibuja vínculos numéricos usando copias de 1 entero para los números enteros encerrados en un círculo.

Sextos

0   1   2

0 = _____ sextos   1 = _____ sextos   2 = _____ sextos

$0 = \dfrac{}{6}$ $1 = \dfrac{}{6}$ $2 = \dfrac{12}{6}$

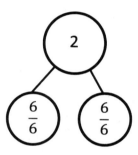

Quinto

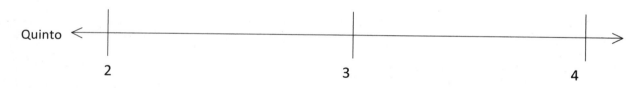

2   3   4

2 = _____ quintos   3 = _____ quintos   4 = _____ quintos

$2 = \dfrac{}{5}$ $3 = \dfrac{}{5}$ $4 = \dfrac{}{5}$

EUREKA MATH™

Lección 26:   Descomponer fracciones de números enteros mayores que 1 usando equivalencias de números enteros con diferentes modelos

115

©2017 Great Minds®. eureka-math.org

2. Escribe las fracciones que nombran los números enteros para cada unidad fraccionaria. El primer ejercicio ya está resuelto.

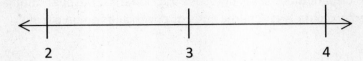

2   3   4

Tercios	$\frac{6}{3}$	$\frac{9}{3}$	$\frac{12}{3}$
Séptimos			
Octavos			
Décimas			

3. Rider driblea la pelota a $\frac{1}{3}$ de la cancha de baloncesto el primer día de entrenamiento. Cada día después de eso, driblea $\frac{1}{3}$ más que el día anterior. Dibuja una recta numérica para representar la cancha. Divide la recta numérica para representar cuán lejos driblea Rider en el Día 1, Día 2 y Día 3 del entrenamiento. ¿Qué fracción del largo puede driblear el Día 3?

Lección 26:   Descomponer fracciones de números enteros mayores que 1 usando equivalencias de números enteros con diferentes modelos

EUREKA MATH™

Nombre _____   Fecha _____

1. Usa la imagen para representar fracciones equivalentes. Llena los espacios en blanco y responde las preguntas.

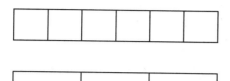

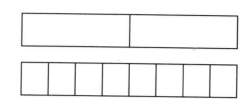

4 sextos equivalen a _____ tercios.

$$\frac{4}{6} = \frac{}{3}$$

El entero permanece igual.

¿Qué le pasó al tamaño de las partes iguales cuando había menos partes iguales?

¿Qué le pasó a la cantidad de partes iguales cuando las partes iguales aumentaron?

1 medio equivale a _____ octavos.

$$\frac{1}{2} = \frac{}{8}$$

El entero permanece igual.

¿Qué le pasó al tamaño de las partes iguales cuando había más partes iguales?

¿Qué le pasó a la cantidad de partes iguales cuando las partes iguales se redujeron?

2. 6 amigos quieren compartir 3 barras de chocolate del mismo tamaño. Estas están representadas por los 3 rectángulos abajo. Al abrir las barras, los amigos notan que la primera barra de chocolate está cortada en 2 partes iguales, la segunda está cortada en 4 partes iguales y la tercera está cortada en 6 partes iguales. ¿Cómo pueden los 6 amigos compartir las barras de chocolate equitativamente sin quebrar ninguna de las piezas?

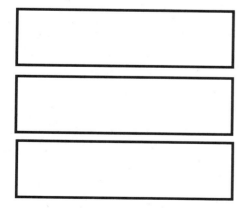

EUREKA MATH™

Lección 27:   Explicar la equivalencia al manipular unidades y analizar su tamaño.

117

©2017 Great Minds®. eureka-math.org

3. Cuando el entero es el mismo, ¿por qué son necesarias 6 copias de 1 octavo para equivaler a 3 copias de 1 cuarto? Dibuja un modelo para respaldar tu respuesta.

4. Cuando el entero es el mismo, ¿cuántos sextos son necesarios para llegar a 1 tercio? Dibuja un modelo para respaldar tu respuesta.

5. Tienes una varita mágica que duplica la cantidad de partes iguales pero que mantiene el entero el mismo tamaño. Usa tu varita mágica. Dibuja en el siguiente espacio lo que sucede a un rectángulo dividido en cuartos después de tocarlo con tu varita. Usa palabras y números para explicar lo que pasó.

Lección 27:   Explicar la equivalencia al manipular unidades y analizar su tamaño.

EUREKA MATH

Nombre _____ Fecha _____

1. Usa la imagen para representar fracciones equivalentes. Llena los espacios en blanco y responde las preguntas.

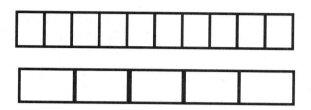

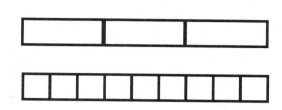

2 décimos equivalen a _____ quintos.

$$\frac{2}{10} = \frac{}{5}$$

El entero permanece igual.

1 tercio es igual a _____ novenos.

$$\frac{1}{3} = \frac{}{9}$$

El entero permanece igual.

¿Qué le pasó al tamaño de las partes iguales cuando había menos partes iguales?

¿Qué le pasó al tamaño de las partes iguales cuando había más partes iguales?

2. 8 estudiantes comparten 2 pizzas que son del mismo tamaño, las cuáles están representadas por los 2 círculos abajo. Ellos notan que la primera pizza se cortó en 4 porciones iguales y que la segunda se cortó en 8 porciones iguales. ¿Cómo pueden los 8 estudiantes compartir las pizzas de manera equitativa sin cortar ninguna de las piezas?

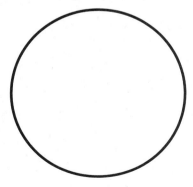 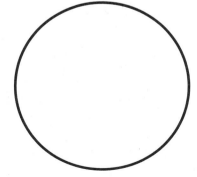

EUREKA MATH™

Lección 27:   Explicar la equivalencia al manipular unidades y analizar su tamaño.

119

©2017 Great Minds®. eureka-math.org

3. Cuando el entero es el mismo, ¿por qué son necesarias 4 copias de 1 décimo para que sea equivalente a 2 copias de 1 quinto? Dibuja un modelo para respaldar tu respuesta.

4. Cuando el entero es el mismo, ¿cuántos octavos son necesarios para llegar a 1 cuarto? Dibuja un modelo para respaldar tu respuesta.

5. El Sr. Pham corta un pastel en 8 porciones iguales. Después, corta cada porción por la mitad. ¿Cuántas de las porciones más pequeñas tiene él? Usa palabras y números para explicar tu respuesta.

Lección 27:   Explicar la equivalencia al manipular unidades y analizar su tamaño.

EUREKA MATH™

Nombre _____   Fecha _____

Sombrea los modelos para comparar las fracciones. Encierra en un círculo la fracción mayor de cada problema.

1.   2 quintos

2 tercios

2.   2 décimos

2 octavos

3.   3 cuartos

3 octavos

4.   4 octavos

4 sextos

5.   3 tercios

3 sextos

6. Después de jugar softball, Leslie y Kelly compran ambas una botella de agua de medio litro para cada una. Leslie toma 3 cuartos de su agua. Kelly toma 3 quintos de su agua. ¿Cuál de ellas bebe la menor cantidad de agua? Dibuja una imagen para respaldar tu respuesta.

7. Becky y Malory reciben alcancías iguales. Becky llena $\frac{2}{3}$ de su alcancía con monedas de 1 centavo (pennies). Malory llena $\frac{2}{4}$ de su alcancía con monedas de 1 centavo ¿Cuál alcancía tiene más monedas de 1 centavo? Haz un dibujo para respaldar tu respuesta.

8. Heidi pone en fila sus muñecas en orden de la más pequeña a la más alta. La muñeca A mide $\frac{2}{4}$ pies de alto, la muñeca B mide $\frac{2}{6}$ pies de alto y la muñeca C mide $\frac{2}{3}$ pies de alto. Compara las estaturas de las muñecas para mostrar cómo es que Heidi las coloca en orden. Dibuja una imagen para justificar tu respuesta.

EUREKA MATH™

Nombre _____ Fecha _____

Sombrea los modelos para comparar las fracciones. Encierra en un círculo la fracción mayor de cada problema.

1. 1 medio

    1 quinto

2. 2 séptimos

    2 cuartos

3. 4 quintos

    4 novenos

4. 5 séptimos

    5 décimos

5. 4 sextos

    4 cuartos

Lección 28:   Comparar fracciones con el mismo numerador de forma pictórica.

123

©2017 Great Minds®. eureka-math.org

6. Saleen y Edwin usan reglas de pulgadas para medir las longitudes de sus orugas. La oruga de Saleem mide 3 cuartos de pulgada. La oruga de Edwin mide 3 octavos de pulgada. ¿Cuál oruga es la más larga? Dibuja una imagen para justificar tu respuesta.

7. Lily y Jazmín hornean cada una un pastel de chocolate del mismo tamaño. Lily le pone $\frac{5}{10}$ de tazas de azúcar a su pastel. Jazmín le pone $\frac{5}{6}$ de tazas de azúcar a su pastel. ¿Quién usa menos azúcar? Dibuja una imagen para respaldar tu respuesta.

Lección 28: Comparar fracciones con el mismo numerador de forma pictórica.

EUREKA MATH

Nombre _____ Fecha _____

Identifica cada fracción sombreada. Usa >, < o = para comparar. El primer ejercicio ya está resuelto.

1.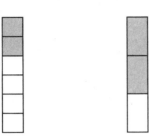

$\dfrac{2}{6}$ < $\dfrac{2}{3}$

2.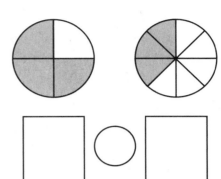

3.

4.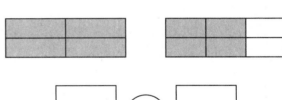

5. Divide cada recta numérica en las unidades identificadas a la derecha. Después, usa las rectas numéricas para comparar las fracciones.

medio
0   1

cuartos
0   1

octavos
0   1

a. $\dfrac{3}{8}$ ◯ $\dfrac{3}{4}$

b. $\dfrac{4}{4}$ ◯ $\dfrac{4}{8}$

c. $\dfrac{2}{4}$ ◯ $\dfrac{2}{8}$

Lección 29:   Comparar fracciones con el mismo numerador usando >, < o = y usar un modelo para razonar su tamaño.

125

Dibuja tu propio modelo para comparar las siguientes fracciones.

6. $\dfrac{3}{10}$ ◯ $\dfrac{3}{5}$

7. $\dfrac{2}{6}$ ◯ $\dfrac{2}{8}$

8. Juan corrió 2 tercios de un kilómetro después de la escuela. Nicolás corrió 2 quintos de un kilómetro después de la escuela. ¿Quién corrió la distancia más corta? Usa el modelo de abajo para justificar tu respuesta. Asegúrate de identificar 1 entero como 1 kilómetro.

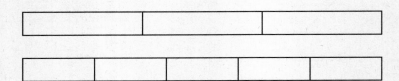

9. Erika se comió 2 novenos de un bastón de regaliz. Robbie se comió 2 quintos de un bastón de regaliz idéntico. ¿Quién comió más? Usa el modelo de abajo para justificar tu respuesta.

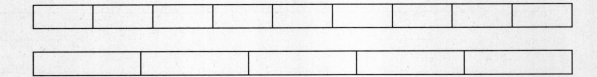

Lección 29: Comparar fracciones con el mismo numerador usando >, < o = y usar un modelo para razonar su tamaño.

EUREKA MATH™

©2017 Great Minds®. eureka-math.org

Nombre _____   Fecha _____

Identifica cada fracción sombreada. Usa >, < o = para comparar.

1.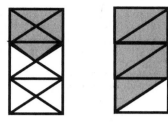

2.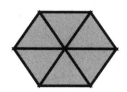

3.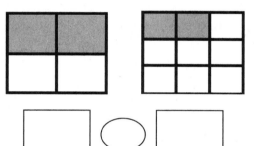

4.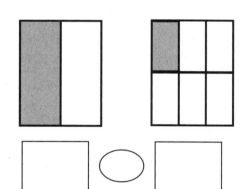

5. Divide cada recta numérica en las unidades identificadas a la derecha. Después, usa las rectas numéricas para comparar las fracciones.

tercios

```
0                                    1
```

sextos

```
0                                    1
```

novenos

```
0                                    1
```

a. $\dfrac{2}{6}$ ◯ $\dfrac{2}{3}$ b. $\dfrac{5}{9}$ ◯ $\dfrac{5}{6}$ c. $\dfrac{3}{3}$ ◯ $\dfrac{3}{9}$

EUREKA MATH™

Lección 29: Comparar fracciones con el mismo numerador usando >, < o = y usar un modelo para razonar su tamaño.

127

©2017 Great Minds®. eureka-math.org

Dibuja tus propios modelos para comparar las siguientes fracciones.

6. $\dfrac{7}{10}$ ◯ $\dfrac{7}{8}$

7. $\dfrac{4}{6}$ ◯ $\dfrac{4}{9}$

8. Michello usó $\dfrac{3}{4}$ de una barrita de pegamento para un proyecto de arte. Yamin utilizó $\dfrac{3}{6}$ de una barrita de pegamento idéntica. ¿Quién usó más de la barrita de pegamento? Usa el modelo de abajo para justificar tu respuesta. Asegúrate de identificar 1 entero como 1 barrita de pegamento.

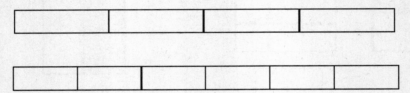

9. Después de la clase de gimnasia, Jahsir bebió 2 octavos de una botella de agua. Jade bebió 2 quintos de una botella de agua idéntica. ¿Quién bebió menos agua? Usa el modelo de abajo para justificar tu respuesta.

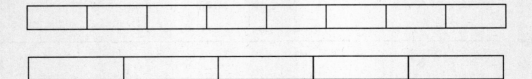

Lección 29: Comparar fracciones con el mismo numerador usando >, < o = y usar un modelo para razonar su tamaño.

EUREKA MATH™

Nombre _____ Fecha _____

Describe paso a paso la experiencia que tuviste al dividir una longitud en unidades iguales utilizando simplemente una hoja de papel de cuaderno y una regla. Ilustra el proceso.

Lección 30:   Dividir con precisión varios enteros en partes iguales por medio de un método de recta numérica.

129

©2017 Great Minds®. **eureka-math.org**

Esta página se dejó en blanco intencionalmente

papel rayado

Lección 30:   Dividir con precisión varios enteros en partes iguales por medio de un método de recta numérica.

131

©2017 Great Minds®. eureka-math.org

Esta página se dejó en blanco intencionalmente